建筑基础110
照 明

[日] 安斋哲 著

刘云俊 译

U0349948

中国建筑工业出版社

著作权合同登记图字：01-2013-8029号

图书在版编目（CIP）数据

照明 /（日）安斋哲著；刘云俊译.—北京：中国建筑工业出版社，2017.4
建筑基础110
ISBN 978-7-112-20311-6

Ⅰ.①照⋯ Ⅱ.①安⋯ ②刘⋯ Ⅲ.①建筑照明—照明设计 Ⅳ.①TU113.6

中国版本图书馆 CIP 数据核字（2017）第 010678 号

SEKAI DE ICHIBAN YASASHII SHOMEI ZOHO KAITEI COLOR BAN
© TETSU ANZAI 2013
Originally published in japan in 2013 by X-Knowledge Co., Ltd.
Chinese (in simplified character only) translation rights arranged with
X-Knowledge Co., Ltd.

本书由日本 X-Knowledge 出版社授权我社独家翻译、出版、发行。

《建筑基础110》丛书策划：刘文昕
责任编辑：焦　斐　刘文昕
责任校对：李欣慰　李美娜

建筑基础 110

照明

[日] 安斋哲　著

刘云俊　译

*

中国建筑工业出版社出版、发行（北京海淀三里河路9号）
各地新华书店、建筑书店经销
北京京点图文设计有限公司制版
北京顺诚彩色印刷有限公司印刷

*

开本：965×1270毫米　1/32　印张：7⅝　字数：200千字
2017年5月第一版　2017年5月第一次印刷
定价：**69.00** 元
ISBN 978-7-112-20311-6
　　　（29730）

前　言

随着近年来人们对地球变暖和节约能源等问题的日益重视，照明设施和灯具等方面的技术有了很大发展，而且人们对其节能效果的期待也越来越高。

另外，由于人们对生活品质的要求不断提高，因此以照明设计师为主的环境设计的理念和技巧也愈加丰富。可以说，目前由光和影营造的空间效果有着丰富多彩的可能性。然而，还很难说设计者已经完全理解照明作为一种设计手法所起到的重要作用；在做设计的过程中，多半只是从经济和高效的角度来考虑环境照明问题。

本书针对年轻的设计者和对照明感兴趣的读者。书中内容在讨论照明设计时，从必要的基础知识到住宅、办公室和店铺等各类设计业务可使用的技巧分别加以分析。包括营造照明效果的手法，也介绍其中最具代表性者。假如这些内容能够给读者构想和实现一个更舒适怡人的照明空间有所帮助，本人将会感到十分欣慰。

尽管照明设计需要掌握大量的基础知识，但是作为调节空间功能性和整体效果的手法，仍然要优先考虑那种成本较低、简便实用的设计工具。

如今，即使是普通人，根据自己的想法通过点灯照明来满足对光环境的需求也不是什么难事。有效利用照明，已成为按照个人意愿营造空间的良好手段。不仅可以从环保角度出发选择节能效果好的照明器具；而且重要的是，应该重新审视那种过度消耗电能和资源的生活方式。然而，假如因改用节能照明灯具致使空间的光环境变差，从而让生活空间不再为人们所喜欢，也是本末倒置的做法。因此，只有那种为人们所依恋、并为大家珍惜的东西，对于现实环境来说才是最好的。

通过积极学习照明知识，成为热爱生活的空间营造者，借此不断加深对场所和空间的认识，才能为今后创造更舒适的环境奠定基础。

如果阅读本书能够成为读者享受光环境的契机，笔者将感到荣幸之至。

最后，自本书出版的 2009 年以来，LED 照明的性能发生了很大变化，在对本书修订之际，增加了很多这方面的内容。

安斋　哲
2013 年 1 月

目 录
CONTENTS

4 照明灯具配置和灯光效果

5 非独立住宅空间的照明设计

写字楼/购物店/餐饮店/公共设施/集合住宅

6 光源和灯具

7 有关图纸及参考资料

开始做照明
设计之前

Chapter 1
开始做照明设计之前

关于照明设计

照明设计，就是指用光线和照明灯具营造出"舒适和让人喜欢的视觉环境"

point

提升空间的舒适感和增强其魅力

照明设计，利用照明器具调节光和影，通过各种手段提升空间的舒适感和增强其魅力。

从前的"亮度"优先

从前的照明设计，要先考虑到为生活提供方便的亮度问题，配置最低限度台数的照明灯具，以期尽量降低成本。因"亮度"成为唯一的标准，从经济角度出发，为了能以较少的灯具取得更亮的效果，便普遍地采用荧光灯。

尽管在营造豪华的氛围时，亦要使用较多的照明灯具；但是，对亮度的进一步追求却始终未变，而且对过高亮度引起的不适感也毫不在意。

可以说，比起对建筑和室内的挑剔，人们对照明灯具的种类及其台数、设置方法和光环境的品质等并不关心。

今后要提升"光环境的品质"

然而，随着生活水平的提高，人们在追求宽敞度、满足感和舒适性的过程中，逐渐认识到照明所营造的氛围是实现这些目标的途径之一。如何通过照明设计手段调节光和影，提升光环境的品质，同时提高生活质量，是今后的一个重要课题。只要理解了照明设计的目的和意图，就不会仅着眼于亮度和经济性之类的价值观，而能够循着下面那样的理念来提出适当的方案。

·符合每一空间特点的、具有多样性的、丰富多彩的光环境

·照明灯具的选择和配置应符合建筑和室内设计意图并具有观赏性

·照明灯具的安装方式能够更好地体现空间的高品质

另外，照明设计还应适时地采用不断涌现的新技术，以使空间设计的理念更有效实现。

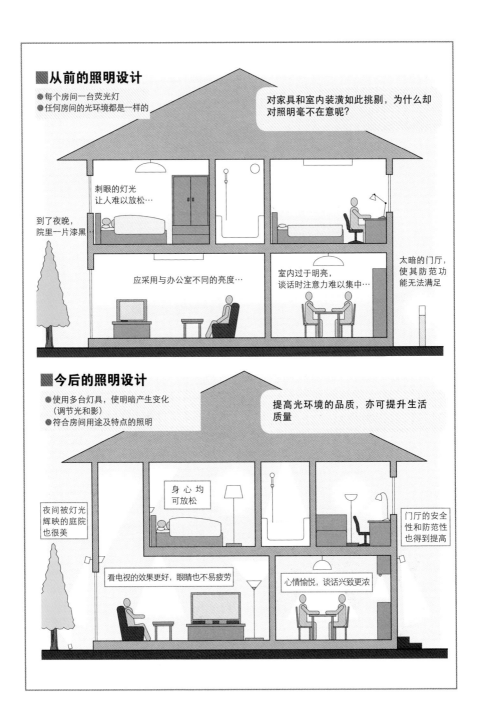

从前的照明设计

- 每个房间一台荧光灯
- 任何房间的光环境都是一样的

对家具和室内装潢如此挑剔，为什么却对照明毫不在意呢？

刺眼的灯光让人难以放松…

到了夜晚，院里一片漆黑

应采用与办公室不同的亮度…

室内过于明亮，谈话时注意力难以集中…

太暗的门厅，使其防范功能无法满足

今后的照明设计

- 使用多台灯具，使明暗产生变化（调节光和影）
- 符合房间用途及特点的照明

提高光环境的品质，亦可提升生活质量

身心均可放松

夜间被灯光辉映的庭院也很美

门厅的安全性和防范性也得到提高

看电视的效果更好，眼睛也不易疲劳

心情愉悦，谈话兴致更浓

9

光与人

光固然可在暗夜"缓解紧张的心绪"和"提高防范性";但在夜间休息时,"适当暗一些"还是必要的

point

自然界中的光与人

我们周围有各种各样的光。譬如,白天最常见的太阳光。在居住空间里,阳光从窗子投入室内,人们在自然光的亮度下活动。到了夜间,有月亮和星星发出的自然光。可是,这些都不足以提供保障正常生活的亮度。人们曾将火作为光源利用,日本自明治维新之后出现了人工照明,并且成为夜间活动的光源。

然而,类似现代都市中的商业设施那样,即使白天也几乎无法将室外天然光引入其内部,全天都要依靠人工照明的空间也为数不少。相同的光环境昼夜相续,里面没有了沐浴自然光或随着太阳高度变化感受时间流逝的场面。

虽然作为以消费为目的的设施,或许也无所谓;可是,长此以往,人们对时间的感觉说不定会产生错乱。

人们日常的起居和生活中的习惯,本来是依靠自然光的变化才逐渐养成的。

光的效果和作用

光能够产生这样的效果:缓解黑暗给人带来的不安感,即让人感到放心。与此同时,凡是有光亮的地方,其防范性也会提高。另外,营造一个可以夜里静静地放松身心休息、以迎接第二天活动的空间,也是光的作用。休息时,空间并不需要像白天的办公室和学校那样甚至连角落里都一片通亮。尽管我们每天都享受着美酒佳肴,可是身心最放松的时候,莫过于在幽暗的灯光下将要进入梦乡的那一刻。适度的黑暗,对于人们的生活也很重要。

恰当的做法是,根据阅读或者烹调等各种操作的需要,将必要亮度的灯光配置在必要位置。只要能这样认识光的效果和作用,便自然而然地找到了照明设计的真谛。

■自然光

白天

阳光

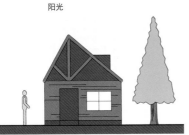

夜晚

月光

火光

■室内光

● 阳光

白天利用阳光营造舒适的生活环境

● 让人身心放松的光

夜晚点亮灯光，使身心得到休息。放松时，不再需要办公室那样的亮度，可适当暗一些

● 作业时需要的光

作业空间里，只将适当亮度的照明配置在必要范围内

照明设计流程

照明设计依照"调查·研究·概念"、"初步设计"、"施工图设计"、"制作·监理·施工"和"竣工时最终调试"等的顺序进行

point

与建筑设计同时进行

照明设计与建筑设计和室内设计等作业流程同时进行。其先后顺序为,调查·研究·概念、初步设计、施工图设计、制作·监理·施工和竣工时最终调试。有关照明问题的讨论,多在建筑设计和室内设计等的后半段进行。

表现光形象

做照明设计时,首先要仔细构想出概念,即想要营造或应该营造一个什么样的光环境,它将决定今后的设计方向。因此,设计者平时便应培育自己对光环境的感觉,并且为了能与客户和施工者顺利交流,还应事先掌握有关光形象的语言及其表现方法的知识。

最终调试可使营造的空间更臻完美

从项目最初的概念构想到总体规划制定这一阶段,作为照明设计师往往只是提供一些与照明相关的咨询意见。假如不限于此,还能在现场仔细斟酌,使照明设计与建筑和室内的设计密切配合,则空间与照明的和谐程度将会更高。实际作业时,最后阶段在可能范围内要做些小的调整,如交接前的调光控制以及被称为调焦的光量精细调整等。

即使在由建筑设计者和室内设计者自己做照明设计的情况下,照明设计也不仅仅指照明灯具的配置和选择之类的简单作业,还包括要考虑照明灯具的安装方法、间接照明与建筑和室内的相互协调等问题。

直至现场作业的最后阶段始终保持全神贯注,才能使最终完成的空间更臻完美。

■ 照明设计流程

| 照明设计 | 建筑设计 |

调查 · 研究 · 概念

● 理解项目规划和建筑设计
● 调查了解周边环境
● 研究类似案例
● 构思照明概念方案

策划

初步设计

初步设计

● 正确理解建筑空间
● 展示光形象效果
● 考虑照明手法
● 考虑和选择照明灯具
● 绘制照明配置图和编制照明灯具表
● 考虑电路和开关的布置
● 绘制配线布置图
● 成本检查
● 照度和电气容量的检查

完成

施工图设计

施工图设计

● 确定照明灯具
● 确定照明灯具配置
● 确定细部和安装方式
● 审图和修改
● 成本检查
● 照度和电气容量的检查

完成

施工 · 监理

制作 · 监理 · 施工 · 竣工时最终调试

● 模拟确认
● 照明灯具申报图和制作图的确认
● 确认订货
● 调焦
● 调光平衡和景观设置
● 照度检查
● 记录在案

竣工 · 移交

产品说明书用法

在选择照明灯具时，要仔细阅读产品说明书中的全部内容

point

选择照明灯具时不可或缺

每年，各家厂商都会推出许多新的照明灯具发售，与此同时大量旧的灯具又被淘汰。而且，随着技术的进步，各种新的光源或更加理想的光源也将不断涌现。作为照明设计者，应该及时掌握相关的最新资讯。确认类似信息最可靠的方法，莫过于由厂商编写和发行的照明灯具产品说明书。

产品说明书中的内容包括，与器具有关的信息、光源的种类、耗电量、电压值、可安装的其他灯具信息、色温变化、各种安装方法的不同性能、镇流器等单售部件、安装时检查灯具的尺寸、顶棚开口尺寸、灯亮时的光束和照度，以及售价等等。

以上内容都是在选择照明灯具时必不可少的信息，在做照明设计时对此应该充分加以把握。

理解和读懂说明书的要点

产品说明书的信息中，有许多照明设计经常用到的重要术语和单位名称，不掌握这些知识就很难选择合适的照明灯具。不过，虽然理解这些术语和单位等概念确实很重要，但是如果能够事先掌握有关阅读及使用此类说明书的要点，那么在实际的照明设计作业中就能够熟练运用这些知识。而且，产品说明书还有介绍照明基础知识的附页，可以作为参考。

对于设计者来说，产品说明书是一本有用的教材。可以说，阅读产品说明书也是照明设计的一环。当然，更重要的还是对光的实际观察和体验，并将其牢牢地记住。仅仅阅读产品说明书是不够的，要永远对现实中的事物感兴趣。还有一点要注意，凡是产品说明书中没有列出的照明灯具，都需要专门订制。

■ 产品说明书阅读方法

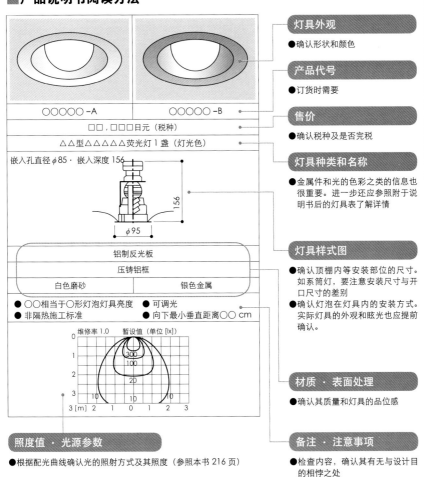

○○○○○ -A

○○○○○ -B

□□，□□□日元（税种）

△△型△△△△△荧光灯1盏（灯光色）

嵌入孔直径φ85·嵌入深度156

156

φ95

铝制反光板

压铸铝框

白色磨砂	银色金属

● ○○相当于○形灯泡灯具亮度
● 非隔热施工标准
● 可调光
● 向下最小垂直距离○○ cm

维修率1.0　暂设值（单位 [lx]）

0
1
2
3
3 [m] 2　1　0　1　2　3

300
100
20
10　10

灯具外观

● 确认形状和颜色

产品代号

● 订货时需要

售价

● 确认税种及是否完税

灯具种类和名称

● 金属件和光的色彩之类的信息也很重要。进一步还应参照附于说明书后的灯具表了解详情

灯具样式图

● 确认顶棚内等安装部位的尺寸。如系筒灯，要注意安装尺寸与开口尺寸的差别
● 确认灯泡在灯具内的安装方式。实际灯具的外观和眩光也应提前确认。

材质 · 表面处理

● 确认其质量和灯具的品位感

备注 · 注意事项

● 检查内容，确认其有无与设计目的相悖之处

照度值 · 光源参数

● 根据配光曲线确认光的照射方式及其照度（参照本书216页）

其他要点

● 如需单售的灯具、镇流器、变压器和可选配件等，应确认其信息
● 如采用射灯等可调节灯具时，应确认其可调部位和调节范围
● 各种灯具不仅照度和色温不同，其寿命和总光通量也不一样
● 通过产品说明书中的照片，往往可了解光的状态

光的基本特性

所谓光，系指电磁辐射中肉眼可见波长范围内的部分。该波长区段被称为"可见光"

point

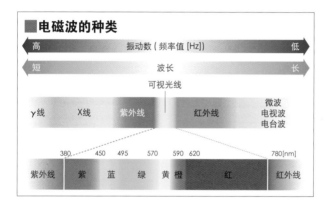

■电磁波的种类

| 高 | 振动数（频率值 [Hz]） | 低 |
| 短 | 波长 | 长 |

可视光线

| γ线 | X线 | 紫外线 | 红外线 | 微波
电视波
电台波 |

380 450 495 570 590 620 780[nm]

| 紫外线 | 紫 | 蓝 | 绿 | 黄 | 橙 | 红 | 红外线 |

肉眼可见的光

光是指电磁辐射中刺激肉眼视网膜、可使其感觉到颜色和形状的波长范围内的部分。该波长区段被称为可见光。可见光，按照波由长到短成"红、橙、黄、绿、蓝、紫"的顺序排列。比这些更长的波，被称为红外线；反之，则称紫外线。

可见光的产生，系因由红到紫不同成分的混合，被照物在各种成分混合比不同光线的照射下，它所呈现的状态亦将发生变化。这种由红到紫不同成分的混合比被称为光谱分布。因

阳光在光谱分布上由红到紫十分均衡，故而呈现白色。我们将这称为加法混色，即具有同样亮度的红绿蓝三原色混合后变成白色的一种光现象。

切断红外线和紫外线

从光源发出的，不仅有可见光，多少还会带发自其周边的红外线和紫外线。使用照明照亮对象物时，假如被照物是美术品或高级的纤维物，为了能尽量切断多余的波长，根据需要可考虑在照明灯具上设置特殊滤光器等，以避免产生不良后果。

Chapter

2

照明设计
基础知识

眩光

眩光会让人感到不快，故在照明设计中常被作为抑制的对象

point

关于眩光

当太阳和汽车大灯那样强烈的光线进入视野时，人们会感到炫目，甚至让人看不清周围的东西。像这样的光就被称为眩光。眩光会让人感到不快，故在做照明设计时都从照明灯具的选择和配置方面对其加以控制，以尽可能消除或减轻人们因此而产生的不快感。

然而，并非所有耀眼的东西都让人觉得讨厌。那种较小的、光线不太强的灯具，如同闪烁的群星，也会给人以无限的美感。这样的效果，还被用作照明设计的表现手法。

眩光的种类

眩光分为直接眩光和间接眩光（反射眩光）两种。直接眩光进而还可分成失能眩光和不舒适眩光。

失能眩光系指当来自太阳和灯具等光源直接射入肉眼、使人难以看清周围物体的强光。如夜间开车时，对面来车的大灯光晃得人看不清周围景物就属于这种情况。

不舒适眩光，则会引起心理上的不快感。在安装着许多裸灯泡照明灯具的房间里，即使灯光没有直接射入眼中，也因炫目而让人感到不舒服，并且通常还会与失能眩光相互影响，使消极作用叠加。

间接眩光（反射眩光）系指因发自光源的光亮照射到对象物、使得文字看不清这种情形。例如，当电视机和电脑的屏幕画面被荧光灯等照射时，人们便难以看清屏幕上的文字和图像。像这样的眩光，系由屏幕、视看角度和光源的相对位置关系产生，因此只要适当改变其位置关系或选择光源亮度可调的照明灯具即可消除。

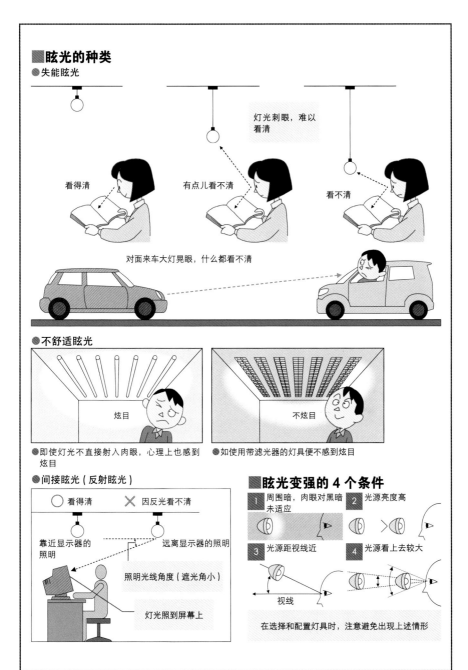

■ 眩光的种类

● 失能眩光

灯光刺眼，难以看清

看得清　　有点儿看不清　　看不清

对面来车大灯晃眼，什么都看不清

● 不舒适眩光

炫目　　不炫目

● 即使灯光不直接射入肉眼，心理上也感到炫目

● 如使用带滤光器的灯具便不感到炫目

● 间接眩光 (反射眩光)

○ 看得清　　✕ 因反光看不清

靠近显示器的照明　　远离显示器的照明

照明光线角度 (遮光角小)

灯光照到屏幕上

■ 眩光变强的 4 个条件

1 周围暗，肉眼对黑暗未适应

2 光源亮度高

3 光源距视线近

4 光源看上去较大

视线

在选择和配置灯具时，注意避免出现上述情形

色温

暖白色2800K营造"温馨的氛围";昼光色6700K
营造"清爽的氛围"

point

关于色温

受节能意愿的驱动,白炽灯泡正越来越多地被球形荧光灯和LED所取代。球形荧光灯和LED,有暖白色、昼白色和昼光色等多种光色可供选择。表示这种光色差别的数值即色温,单位为K(Kelvin 开尔文)。

光源光色越红,色温越低;光源光色越白,色温越高。夜晚住宅窗子透出的灯光,看上去有两种颜色,有的房间灯光现出橙色,有的房间灯光发白。这是由于室内灯光色温不同的缘故。

记住基准值

色温不仅可表示光源的光色,也被用来表示自然界的光色。例如,烛光为1920K,日出后和日落前的天空为2700K,普通白炽灯为2800K,球形荧光灯为2800 ~ 3000K,暖色荧光灯为3500K,白色荧光灯为4200K,昼白色荧光灯为5000K,中午阳光的平均值为5200K,昼光色荧光灯为6700K,阴空的光为7000K,晴空的光为12000K等等。

这些数值不必全部记住,只要记住以烛光、白炽灯和平均的中午阳光为基准的色温,通过与其他种类的光源进行对比,便能够很容易地判断出照明的光色。

色温与照度的关系

色温是影响空间形象的重要因素。如2800K 低色温的光源会发出暖色光,适于营造温馨的氛围;而6700K 昼光色的光源则发出冷色调的光,被用来营造清爽的氛围。

另外,一般说来,即使照度(参照本书24页)相同,色温较高的光会显得明亮些。可是,如果照度相同,哪怕色温改变,那炫目的程度还是一样的。

■色温

人工光源		12,000	12,000 晴空的光	自然界的光

昼光色荧光灯	6,700	7,000	7,000 阴空的光
水银灯（透明型）			
金属卤素灯	6,000		
昼白色荧光灯	5,000	5,000	5,200 中午阳光平均值
荧光水银灯　白色荧光灯	4,200	4,000	
暖白色荧光灯	3,500		
暖色荧光灯　卤素灯泡	3,000	3,000	
白炽灯泡	2,800		2,700 日出后和日落前的天空
烛光	1,920	2,000	

■色温与空间氛围

低 ←———————— 色温 ————————→ 高

红	黄	光色	白	蓝白

色温 3000K
暖色（暖白色）
温馨氛围

色温 5000K
自然色（昼白色）
自然氛围

色温 6700K
冷色（昼光色）
清爽氛围

■色温与照度的关系

光色不自然

自然氛围

例如，色温 4000K、照度 100lx 的灯，会营造出阴冷的空间氛围

阴冷的氛围

照度
[lx]

色温
[K]

照度　高

闷热的氛围　　清爽的氛围

色温　低 ←———→ 高

温馨的氛围　　阴冷的氛围

低

21

显色性

灯的显色性差并不意味着性能低劣。应根据对象物
和用途等不同条件来判断显色性

point

关于显色性

一般情况下，我们在观察事物时，总是将物体所呈现的颜色当作物体本身的颜色。然而实际上，照亮物体的不同光色，也会改变物体所呈现出的颜色。例如，蓝光照射到白色的球上，使球看上去像是蓝色的；照射红光，又让球显得像是红色的。尽管这是比较极端的例子，但是平日常见的荧光灯和路灯等所发出的光，也绝不可能准确表现出物体的真正颜色。

像这种光对物体颜色的再现性，即被称为显色性。其数值化的名称为平均显色评价值（Ra，显色指数）。

关于平均显色评价值

平均显色评价值，系指以该光源照亮时与基准光照亮时相比所显示的色差有多大。如将在基准光下看到的作为 Ra100，色差越大其值越小。这一数值越大，则表示颜色的再现性越好。

这里要提起注意的是，平均显色评价值并不是用来表示凭个人感觉对颜色是否喜欢的。即使显色性差，也并不意味着灯的性能低劣。重要的是，应该根据对象物和用途等不同条件来判断显色性。

需要显色性的场所

一般说来，凡是需要准确表现出真正颜色的场所，显色性都是重要的指标。例如，食品和菜肴均应准确显现出其本来的色彩，才会引起人们的食欲和购买的欲望。衣物服饰之类的货品也是一样，如果店内的灯光显色性太差，买回家去往往发现颜色与原来看到的不一样。不过，像办公室和工厂那样的场所，则不必对显色性要求太高。

还有街道和公园之类的户外空间，通常都比较重视照明的高效率，光线照得越远越好，很少优先考虑显色性。

■关于显色性

白炽灯光　　　　　　　　蓝光　　　　　　　　　　　红光

发白　（白球）　　　　　发蓝　（白球）　　　　　发红　（白球）

■商店的显色性

在灯光显色性差的商店购衣物时｜与在自然光下看到的颜色有差别

在灯光显色性好的商店购衣物时｜在自然光下看与当初想象的一样

■灯光的平均显色评价值

种类		平均显色评价值 [Ra]
白炽灯	普通灯泡　100W	100
	球形灯泡　100W	100
	氪气灯泡　90W	100
	卤素灯泡　500W	100
荧光灯	荧光灯　白色 40W	64
	高显色性荧光灯　白色 40W	92
	节能快速启动型荧光灯　白色 37W	64
	节能3波段发光型荧光灯　白色 38W	84
高强度气体放电灯	水银灯　透明 400W	23
	荧光水银灯　400W	44
	金属卤化物　400W	65
	金属卤化物灯（高显色型）400W	92
	高压钠灯　400W	28

■显色性与用途的关系

光源种类	显色性分组	平均显色评价值范围	用途	
			适用于	可允许用于
高显色型荧光灯 金属卤化物灯（高显色型）	1A	Ra ≧ 90	颜色检查、美术馆	—
3波段型荧光灯 高显色高压钠灯	1B	80 ≦ Ra < 90	住宅、旅馆、商店、办公室、医院、印刷・涂装・染织作业	—
普通荧光灯 金属卤化物灯（高效型） 显色改良型高压钠灯	2	60 ≦ Ra < 80	一般工厂	办公室、学校
荧光水银灯	3	40 ≦ Ra < 60	粗糙作业的工厂	一般工厂
高压钠灯 水银灯（透明型）	4	20 ≦ Ra < 40		粗糙作业的工厂

光通量·光度·照度·辉度

均系代表光的亮度的术语，并分别可用数值表示

point

关于光通量

光通量，系指发自光源的光量，单位用 lm（流明）表示。其数值越大，说明发出的光越多。光通量因灯的种类而各异，即使同样耗电 40W，白炽灯只有 485lm，白色荧光灯则达 3000lm，竟相差 6 倍以上。

关于光强

光强，系指自光源投射到某个方向的光的强度，单位用 cd（坎德拉）表示。光从光源发出时，并非在所有方向上都一样，各个方向光的强度是不同的。这是因为投到各个方向光通的量不同的缘故。

关于照度

照度，系指发自光源的光投射到某个面上有多少，亦可定义为单位面积投射的光通量。其单位用 lx（勒克斯）表示，如直射阳光下的照度约为 100000lx，室内窗际的照度约为 2000lx。与此相比，写字楼办公室的照度则只有 300 ~ 750lx，由此可以明显看出阳光与人工照明的差别。

关于辉度

辉度，系指光源本身和被照射面有多亮（近似于亮度），单位用 cd/m^2（坎德拉 / 平方米）表示。因看的方向和角度不同，辉度也不一样。即使在相同条件下，不同物体的辉度也是不一样的。

例如，那种照明灯具带遮光罩的灯泡，以可将灯泡完全看清的角度和以灯泡被遮住一点儿的角度去看，你会觉得前后亮度的差别非常大。而且，即使照射同样的光，反射率低的黑色面辉度也比白色面的辉度要低。

光通、光强、照度和辉度，均系代表光的性能的术语。通过对各自数值的确认，即可了解光源的特点。

■光通

● 主要光源的光通

光源		光通 [lm]
太阳		3.6×10^{28}
白炽灯	40W	485
白色水银灯	40W	3,000
荧光水银灯	40W	1,400
荧光水银灯	400W	22,000

■照度指标

照度 [lx]

0.1　1　10　100　1,000　10,000　100,000

满月夜间 / 夜间道路照明 / 学习用台灯 / 办公室照明 / 室内窗际 / 晴天阴处 / 夏季晴天向阳处

■辉度指标

辉度 [cd／m²]

0.1　1　10　100　1,000　10^2　10^3　10^4　10^5

道路照明（路面） / 写字楼外墙 / 电视画面（白） / 满月阴空 / 荧光灯 / 白云 / 蜡烛

■光强的形态

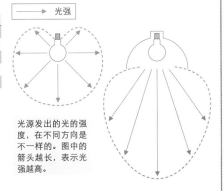

→ 光强

光源发出的光的强度，在不同方向是不一样的。图中的箭头越长，表示光强越高。

● 主要光源的光度

光源		光强 [cd]
太阳		2.8×10^{27}
白炽灯	40W	40
白色水银灯	40W	330
荧光水银灯	40W	110
荧光水银灯	400W	1,800

■光通量、光强、照度、辉度的关系

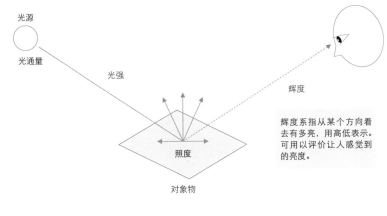

光源

光通量

光强

照度

对象物

辉度

辉度系指从某个方向看去有多亮，用高低表示。可用以评价让人感觉到的亮度。

照度标准

照度作为一种"人工照明设置标准"，被用于室内外设施的建造，在JIS（Japanese Industrial Standards，日本工业标准。——译注）中规定了优选照度值

point

JIS 照度标准

照度被用作室内外人工照明的设置标准，JIS（日本工业标准）规定了优选照度值。在实际作业中，尤其是对亮度要求较高的办公空间和学校教室等处，均应以此为标准确定照明灯具的数量和配置方式。另外，在可用照度计进行简单测量、以确认所有空间亮度时，也将照度作为指标。

一般说来，照度高会看得清，因此提高照度被认为是稳妥的手段。然而，因为提高照度必须增加照明灯具的数量，耗电量也将随着灯具费用的增多而上升，所以成本也会加大。而且，人们并非只一味地追求亮度，从心理层面来说，最好是根据每个设施或房间的各自用途，分别设定适当的亮度。

此外还要预想到，长年使用的照明灯具，其照度会逐渐降低，可将其值设定为较初期照度降低20%～30%。

这一数值，也要根据社会发展和经济状况随时作出调整。

室内颜色改变照度

由于照度代表检测面的亮度，因此它不单单为光源的亮度所左右。即使在同样的房间设置同样的照明，也会因室内颜色的差别而使照度改变。

例如，地面、墙壁和顶棚均涂成白色的房间与涂成黑色的房间，对二者照度测量的结果表明，白色房间的照度要高。这是因为白色涂装的光反射率高，地面、墙壁和顶棚反射的光影响到测量点的缘故。

在绝大多数情况下，照度的测量都以地面和桌面之类的水平面作为基准，并将其称为水平面照度；而那种将墙面和黑板面等垂直面作为基准测量的照度，则被称为垂直照度。除此之外，与光线成直角的面的照度被称为法线照度。

■JIS 照度标准（购物店）

照度 [lx]	3.000	2.000	1.500	1.000	750	500	300	200	150	100	75
购物店一般共同事项		●陈列为重点	—	●重点陈列部分 ●收银处 ●自动扶梯乘降口 ●包装台	●电梯口 ●自动扶梯	●普通陈列商品 ●洽谈室	●接待室	●洗漱间、厕所、楼梯、走廊		●休息室 ●店内整体	
日用品店（杂货、食品类）		—		●重点陈列	●重点部分 ●店面	●店内整体					
超市（自选商品）	●特别陈列部分			●店内整体（市中心商店）	●店内整体（郊区店）						
大型商店（百货店、量贩店）		●橱窗的重点 ●商品展示 ●店内重点陈列	●指南角 ●店内陈列	●重点楼层整体 ●特卖场整体 ●问讯角	●普通楼层整体	●高楼层整体					
时尚店（衣料服饰、眼镜、钟表等）		●橱窗的重点		●重点陈列 ●设计角 ●试衣间	●特殊商品部陈列 ●店内整体			●特殊商品部整体			
文化用品店（家电、乐器、图书等）		●橱窗的重点 ●店面的陈列	●舞台用品的重点	●店内陈列 ●问讯点 ●试用间 ●橱窗整体	●店内整体 ●表演式的陈列			●表演式陈列部分整体			
趣味、休闲用品店（相机、手工器具、花草、藏品等）		—		●店内陈列重点 ●模拟演示 ●橱窗整体	●店内一般陈列 ●特殊陈列 ●问讯点		●店内整体		●特殊商品部整体	—	
生活类专门店（星期天木工、育儿、烹调等）		—	●橱窗的重点	●商品展示	●问讯点 ●店内整体						
高级专卖店（贵金属、服饰、艺术品等）		●橱窗的重点	●店内重点陈列	●一般陈列	●问讯点 ●设计角 ●试衣间		●待客角	●店内整体			

据 JIS Z9110-1979（节选）

■不同环境的照度差异

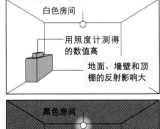

白色房间
用照度计测得的数值高
地面、墙壁和顶棚的反射影响大

黑色房间
用照度计测得的数值低
地面、墙壁和顶棚的反射影响小

大小、形状、光源和灯具完全相同的 2 个房间，照度也有差异

■测量照度的面

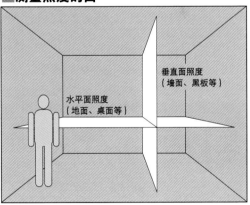

垂直面照度（墙面、黑板等）

水平面照度（地面、桌面等）

水平面照度系指视觉作业面高度的照度值。如未特别指定，为地面以上 85cm；坐着时则为地面以上 40cm。走廊和室外等处，系将楼面和地面作为对象

照度分布和照度测定

光的均匀度和光的配置效果，要用照度分布图表达。实际照度，则使用手持型照度计来测定

point

绘制照度分布图

以近似地图等高线那样的线条表现照明状态的照度分布图，显示了灯具的照度是怎样分布的。通过该图可以确认，灯具明亮的程度、空间内光的均匀度和光的配置重点等。

通常情况下，照度分布图由专家在电脑上使用专门软件绘制。但如果是比较简单的，则可从照明供应商的网页上下载照明计算软件自行绘制。此外，也可以委托照明供应商来绘制。

不管是哪种情况，都须将灯具的配光特性等逐个数据化之后，才能完成照度分布图。在无法获得使用灯具数据的情况下，可将性能近似产品的配光特性等作为临时数据使用，将其当作参考值。另外，也可使用产品说明书等资料中的配光曲线以及同时载入的1/2光束角等数据，采用手绘方法编制简单的照度分布图。这些均可作

为参考数据，充分加以利用。

做照明设计过程中，绘制照度分布图，是在初步设计大体完成、灯具的备选方案以及数量多少都已定下来的阶段，为确认其灯具的照明效果所采取的步骤。

用照度计做照度测定

在测定实际照度时，要用到手持型照度计。设置照明灯具时，采用这种测定方式，可以迅速而又便捷地确认所需要的照度能否得到保证。

在照明设计完成后的检验阶段，自然可以通过各种形式的实验来测试设计的效果；但除此之外，如要用数值确认平时体验到的照明效果，或者在征询业主等人对照明亮度的意见时以科学的方法确认照度，就离不开照度测定。如果能将测定的照度值记在图纸上，则可作为参考资料，在今后的设计中发挥作用。

■照度分布图

●顶棚荧光灯具配置间距大时

●顶棚荧光灯具配置间距小时

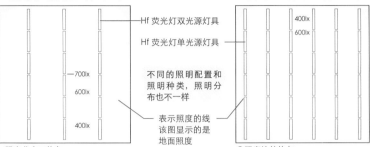

Hf 荧光灯双光源灯具

Hf 荧光灯单光源灯具

不同的照明配置和照明种类，照明分布也不一样

表示照度的线
该图显示的是地面照度

●照度分布不均匀

●照度比较均匀

■根据资料了解配光

吸顶灯 D1(分色镜灯)

● 1/2 光束角数据

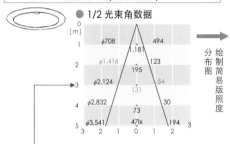

```
0 [m]
1   φ708      494
      1,181
2   φ1,416    123
      195
3   φ2.124    54
      131
4   φ2.832    30
      73
5   φ3,541  47lx  194
    3 2 1 0 1 2 3
```

分布图 绘制 简易 版照度

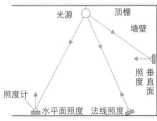

2m 2m 2m 54lx
131lx
2.124mm
6m
8m

在3m处,光散布成直径2.124mm的圆圈。可读取的数据为,中心部131lx,周边部54lx

在顶棚高度 3m、面积 6m × 8m 的房间里，以间距 2m 配置 D1 吊灯，根据其 1/2 光束角确认配光数据，以 D1 位置为中心，用罗盘和模板画出直径 2.124mm 的圆。依据该图，可确认灯具配置的间距指标（系未考虑地面、墙壁和顶棚反射率的概略值）

■使用照度计的检测方法

●数字照度计　　●检测水平面照度时

●检测垂直面照度时

●照度的方向

光源　顶棚

墙壁

照度 垂直面

照度计　水平面照度　法线照度

照度计算

通过照度计算所做的预测，只是参考值；实际上因受间接照明和外部光的影响，这一数值未必准确

point

采用流明法的照度计算

照度计算的目的，是要根据选用灯具的数量和配置方式来确认其性能可否满足照度要求。反之，也可以从平均照度求得需要的灯具数量。流明法是照度计算中的代表性方法。假如灯具被等间隔地配置，全部空间采用均匀照亮的整体照明方式，则可以通过下面的公式比较简单地求出平均照度。

$$E = \frac{N \cdot \phi \cdot U \cdot M \cdot A}{A}$$

E : 平均照度 [lx]
N : 灯具数量
ϕ : 光源每盏灯的光通 [lm]
U : 利用系数
M : 维护系数
A : 作业面面积 [m²]

光源每盏灯的光通（ϕ），可参考载于照明灯具供应商产品说明书中的数据。维护系数（M）则可参考公开的

标准维护系数表，再根据灯具种类和使用环境等因素加以判断。利用系数（U）先据室形指数（K）求出，再逐一从每个灯具的利用系数表中读取。

采用光通法的照度计算，如系非整体照明方式，其误差较大，因此并不是有效的手段。不过，假如房间的一部分与整体照明的环境相当，则可将其作为参考值。

此外，通过照度计算所做的预测，说到底只是参考值，实际上因受间接照明和外部光的影响，这一数值未必准确。但毕竟提前预测能够让人多少放心一点儿。

点光源的场合

筒灯和射灯之类的点光源，可根据产品说明书所列的配光曲线和1/2光束角等配光参数，在一定程度上了解其照度情况。尽管方法很简单，但也可作为参考。

平均照度计算方法

例题

一个开间 8m、进深 12m、顶棚高 2.7m 的房间，顶棚嵌入型荧光灯（下面开放型、FHF32W×双光源）16具，灯具光通 4500lm/盏，作业面高度 70cm 的平均照度是多少？

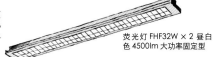

荧光灯 FHF32W × 2 昼白色 4500lm 大功率固定型

❶ 根据维护系数表求出维护系数

● 标准维护系数表

光源						
灯具	荧光灯			白炽灯		
	好	一般	差	好	一般	差
外露型	—	—	—	0.91	0.88	0.84
	0.74	0.70	0.62	—	—	—
下面开放型	0.74	0.70	0.62	0.84	0.79	0.70
简易封闭型（下面带盖板）	0.70	0.66	0.62	0.79	0.74	0.70
安全封闭型（盒式带填料）	0.78	0.74	0.70	0.88	0.84	0.79

注 1　维护系数 0.70 系指照明灯具在使用一定时间后显示照度下降状态的系数

注 2　表中的"好"、"一般"和"差"系指灯具使用环境和清扫状况

❷ 根据利用系数表求出照明率

先求出室形指数

该例题未有求平均照度的利用系数 (U) 信息。要求得利用系数，须先根据下面公式求出室形指数 (K)

● 室形指数计算公式

$$K = \frac{X \cdot Y}{H(X + Y)}$$

K：室形指数
X：房间开间尺寸 [m]
Y：房间进深尺寸 [m]
H：作业面距照明灯具的高度 [m]

然后，估计地面、顶棚和墙壁的反射率大约有多大

● 利用系数表

	地面	20%		0
反射率	顶棚	60%		0
	墙壁	50%	30%	10%	0
室形指数	0.70	0.33	0.29	0.26	0.25
	1.00	0.41	0.37	0.35	0.33
	1.25	0.45	0.42	0.39	0.37
	1.50	0.48	0.45	0.42	0.40
	2.00	0.52	0.49	0.47	0.44
	2.50	0.54	0.52	0.50	0.46
	3.00	0.56	0.54	0.52	0.48

$$\frac{8 \times 12}{(2.7-0.7) \times (8 + 12)} = \textbf{2.4}$$

室形指数

求出室形指数后，再用利用系数表加以确认。该例题的室形指数可看成 2.50

咨询厂商，产品说明书中是否载有利用系数表

在该例题中，地面、顶棚和墙壁的反射率分别为 20%、60% 和 30%，利用系数 (U) 为 0.25

❸ 平均照度を求める

$$E = \frac{N \cdot \phi \cdot U \cdot M}{A} = \frac{(16\ \text{台} \times 2) \times 4,500 \times 0.52 \times 0.7}{8 \times 12} = \frac{52,416}{96} = \textbf{546}\ [\text{lx}]$$

该房间平均照度

反之，亦可从平均照度求出所需灯具数量

光源种类

使用频度高的光源，应根据产品规格预先记住其基本特征

point

具代表性的光源

我们通常使用的照明，最早可追溯到1879年由爱迪生发明的碳素白炽灯，至今已有130年的历史。后来，各种各样的光源又被开发出来并得到长足的发展，实际应用的种类也越来越多。

如今正在使用的主要电光源可分为，利用热辐射作用的白炽灯、利用放电作用的荧光灯、高强度气体放电灯（HID灯）和低压钠灯等几大类。如果再进一步细分，还有卤素灯、金属卤化物灯和高压钠灯等多种。

除此之外，作为近年来照明技术发展的新成果，还有LED灯、无电极放电灯和有机EL灯等。

记住各种光源的基本特征

各种光源最重要的特征是形状、大小以及不同安装形式的外形特点，其次还有光的性质、光色、显色性、光通、灯寿命、功率数、光源效率、发热量以及能否调光等。了解这些特征，选择适合照明用途的灯具，是件很重要的事。

选择灯具时，大都依赖照明生产商的产品说明书。可是，一打开灯具页，其种类之多样和特征之繁杂，着实让人感到震惊。其中记载着各种灯的光色、显色性、光通、灯寿命、功率数和光源效率等的数值，这些都是选择照明器具时应参照的要点。

在了解各种光源基本性质不同点的基础上，再对相关数据加以比较，便能够很容易地选到最适合的光源。特别是那些使用频度高的光源，如果能够将其特征与相关数据一起记住，会感到更得心应手。有关各种光源的特征，请参看"光源和器具"（本书201页）一章。

■光源种类

人工光源
- 热辐射 —— 白炽灯
  - 普通照明用灯泡
  - 卤素灯泡
- 放电
  - 荧光灯 —— 荧光灯
  - 高强度气体放电灯 (HID 灯)
    - 高压水银灯
    - 金属卤化物灯
    - 高压钠灯
  - 低压钠灯
- 场致发光
  - 电致发光 (EL)
  - 发光二极管 (LED)

■各种光源的特征

	基本特点	光源种类		特征	主要用途
白炽灯	●近似点光源，光易控制 ●显色性好，暖白光 ●易开启，瞬间可点亮。无须镇流器 ●可连续调光 ●体积小、重量轻、价格低 ●受环境温度影响小 ●光通量低 ●很少闪烁 ●效率低、寿命短 ●发热多 ●玻璃灯泡温度高 ●电源电压变化影响其寿命	普通照明灯泡		玻璃灯泡有涂成白色的扩散型和透明型等	住宅和店面的一般照明
		球形灯泡		玻璃灯泡有涂成白色的扩散型和透明型	住宅、店铺和餐饮店等
		反射型灯泡		带铝真空镀膜反射镜，聚光性好，热量可控	住宅、店铺、工厂、招牌照明等
		小型卤素灯		中心带红外线反射膜。光源色好，热量也可控	店铺、饮食店等的射灯照明和筒灯等
		带反射镜卤素灯泡		与分色镜组合，可作为明亮的配光，热量可控	店铺、饮食店等的射灯照明和筒灯等
荧光灯	●效率高、寿命长 ●光源色种类丰富 ●低辉度、扩散光 ●可连续调光 ●玻璃灯管温度低 ●需要镇流器 ●会受到环境温度影响 ●同样尺寸光束少 ●光不便控制 ●略有闪烁 ●有高频杂音	球形荧光灯		代替白炽灯泡，内藏镇流器，带灯头	住宅、店铺、旅馆、饮食店等的筒灯
		启动器型荧光灯		靠启辉器 (点亮灯管) 和镇流器开灯	住宅、店铺、办公室、工厂等的一般照明。高显色型用于美术馆等
		快速启动型荧光灯		无启辉器，可瞬间点亮	办公室、店铺、工厂等的一般照明
		Hf(高频启动专用) 荧光灯		靠高频启动专用镇流器点亮，效率高	办公室、店铺、工厂等的一般照明
		紧凑型荧光灯		U 状或双 U 状紧凑型灯	店铺等的基础照明和筒灯等
高强度气体放电灯（HID灯）	●效率高。尤以高压钠灯的效率最高 ●寿命长。金属卤化物灯的寿命略短 ●光通量大 ●近似点光源，配光控制较容易 ●受环境温度影响小 ●需要镇流器。初始成本高 ●玻璃泡壳温度高 ●启动和再启动需花时间	荧光水银灯		利用水银发光和荧光体补充红色成分	公园、广场、商业街、道路、高天棚厂房等、招牌照明等
		金属卤化物灯		利用铊和钠的发光作用。效率高	运动设施、商业街等、高天棚厂房等
		高显色型金属卤化物灯		接近自然光。分为镝系列和锡系列	店铺筒灯、运动设施、门厅入口处等
		高压钠灯		使用透光性氧化铝发光，发橙白色光	公路、高速公路、街道、运动设施、高天棚厂房等
低压钠灯	●单色光 ●灯的效率最大	钠灯		U 状发光灯管，钠 D 线发橙黄色光	隧道、高速公路等

据《照明基础讲座教材》((社团法人)照明学会)编制

光源效率

光源效率越高，为获得同样亮度所消耗的电力越少
（节能性好）

point

关于光源效率

所谓光源效率，系指光源的亮度与耗电量之比。准确地说，即耗电量与光源光通量的比值，其单位用 lm/W（流明/瓦）表示。光源效率的数值越高，表示为获得同样亮度所消耗的电量越少。即说明其节能性好。

例如，白炽灯 40W 的光通量是 485lm，其光源效率则为 12lm/W；而耗电量同样 40W 的管状白色荧光灯，光通量 3000lm，光源效率则为 75lm/W，是白炽灯的 6 倍多。也就是说，40W 管状白色荧光灯的亮度为 40W 白炽灯的 6 倍；换言之，40W 荧光灯要获得相当于 40W 白炽灯的亮度，仅需用白炽灯耗电量的 1/6。

此外，代替白炽灯泡的紧凑型荧光灯，12W 的耗电量即可得到相当于 60W 白炽灯的亮度，光源效率达到 67.5lm/W，是白炽灯的 4.5 倍，其优越性十分明显。

光源效率与显色性

如今，对节能性的要求越来越高。人们普遍认为，白炽灯正逐渐被荧光灯等光源所取代。在这样的形势下，比较有效的方法是，对光源的评价应符合用途，充分了解光源效率和显色性等参数，并将其作为选择最适合产品的指标。色温、光通、光度、照度和辉度固然很重要，但这些指标未必与光源的价值相关。譬如，色温的选择便取决于使用者的偏好以及使用的空间、场所和用途等因素，究竟什么样的色温是最好的，不能一概而论。

另外，虽然光源效率和显色性优越是件再好不过的事，可是在以人的心理为主的价值判断中，光源效率差的白炽灯仍让人感到温馨和安定，其长处是荧光灯和金属卤化物灯所不具备的。希望读者能够注意到这一点。

■ 主要光源的效率

光源种类			光源效率 [lm/W]	综合效率 (包括镇流器损失) [lm/W]
白炽灯		100W	15	15
卤素灯		500W	21	21
荧光灯 (白色)		36W	83	75
荧光灯 (3 基色)		36W	96	87
Hf 荧光灯		45W	100	91
荧光灯 (白色)		100W	90	80
HID 灯	荧光水银灯	400W	55	52
	金属卤化物灯	400W	95	90
	高压钠灯	360W	132	123

■ 光源效率比较

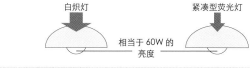

	白炽灯	紧凑型荧光灯	
耗电量	54W	12W	电费仅为其 **1/4.5**
光束	810lm	810lm	
灯效率	15lm / W	67.5lm / W	

相当于 60W 的亮度

光源效率提高 **4.5** 倍

■ 光源效率和显色性

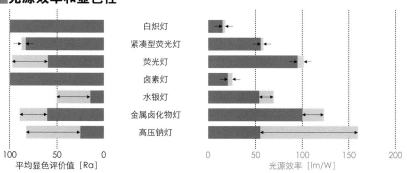

白炽灯
紧凑型荧光灯
荧光灯
卤素灯
水银灯
金属卤化物灯
高压钠灯

100   50   0
平均显色评价值 [Ra]

0   50   100   150   200
光源效率 [lm/W]

注　不同规格数值各异，以箭头表示其宽度

● 荧光灯及金属卤化物灯在光源效率和显色性两方面都具有优越性
● 白炽灯及卤素灯，显色性好，光源效率低
● 水银灯的显色性和灯效率都比较差

提出概念

与图纸的完成程度相比，照明概念构想更重视多个光源的配置方案

point

概念的构思

提出照明概念时，如由创意设计者和室内设计师在设计阶段共同构思照明效果，则可以围绕草图和创意说明来考虑。反之，如对效果无特殊要求，便重新审视创意和室内设计的概念，从中找出与照明概念相符的元素。另外，在与照明设计师商谈时，应说明室内设计的理念，以此为参照来构想照明的概念。

无论采用什么样的方法，在空间的初步设计已大体完成的阶段，都要开始构思照明概念。

展示光形象

为了能与业主等人顺利达成一致意见，照明概念的表达要尽可能运用简单的语言、关键词和文章等。假如无法用明确的语言表达，或者这样做反倒变得更难以理解，则不妨采取直接展示光形象的手段。

要展示照明设计的效果，使用展开图、断面图和透视效果图之类的草图，会让人易于理解。尤其是断面图，因具有现实的尺度感，更适于表现空间、人和光的关系。此外，在表现多个空间和建筑物整体的照明效果时，利用平面图也很有效。

按平面图绘制的照明布局图，直至设计工作全部完成之前，都可用于讨论所提出的概念，并在此基础上逐步达成共识。在构思概念阶段，与手绘的草图和图纸的完成相比，还是应该更重视尽快地提出配置多个光源的方案。

要提出照明的概念，很重要的是应利用以上这些资料评估光照效果，设想空间内光的量、质和作用等，使其更加具体化。

■概念构思

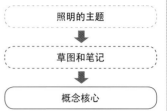

照明的主题

⬇

草图和笔记

⬇

概念核心

建筑初步设计大体完成前开始构思概念

■提出概念的重点事项

① 构思时自由想象

可将照明概念与建筑和室内的设计概念结合起来

② 成本也要考虑

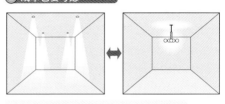

确认灯具的初始成本和运行成本

③ 考虑关键词

满足 ⟷ 刺激
日常 ⟷ 非日常
沉静 ⟷ 活跃
别致 ⟷ 华丽

有具体的关键词，便容易找到概念

④ 确认尺寸

可用断面图、展开图和效果草图等确认尺寸，与此同时对概念展开讨论

⑤ 光的布局图

按平面图绘制出光布局图便于征询业主的意见

⑥ 搜集各类光效果资料

收集杂志和产品样本等有关各类光效果的资料，将其复印下来作为构思照明概念的参考

照明的初步设计

选择照明灯具，不是看制造商和产品编号，而是要
根据其性能和规格

point

关于初步设计

照明的初步设计，系指一边用图纸确认空间的高度、面积及其连续性等，一边考虑光的配置；并以概念构想阶段绘制的光布局图等为基础，考虑该如何选择和配置灯具才能将照明效果展现出来。

选择灯具的方法

选择灯具时，首先要设定色温和照度，构想出配光效果，然后再圈定具有可实现这种效果性能的光源。此时，不仅要用眼睛去看，还要采用变换光源的方法，包括热量、调光、显色性和成本等因素在内，综合加以考量。然后，再选择适合这种光源的灯具类型。应该考虑到，不仅仅把光源用于发光照明，灯具本身也作为室内装饰的一种元素展现出来。灯具的选择，不能与建筑和室内设计等各项条件脱节。

无论选择什么样的照明灯具，对于初步设计来说，最重要的不是挑选制造商和产品编号，而是确定照明灯具的性能和规格。只要确定了性能和规格，即使因预算调整等缘故需要变更灯具，也不会脱离设计概念。

灯具配置方法

灯具配置要同步进行。在考虑灯具如何配置时，也要将独立照明等可移动型灯具包括进去。关键是要想象出，照亮地面后反射到墙壁和顶棚等处的光会是什么样子。

在将构想绘成图纸时，应将设置在顶棚及其附近的灯具画到顶棚平面图中去；设置在地面及其附近的器具，则要用地板平面图表现。如此，才能避免混乱。在做总体布置的过程中，配线设计也要同步进行。

电气安装公司所做灯具安装初步设计和施工时绘制的电气设备图，也详尽记载着与配线有关的内容，而且大都描绘在顶棚平面图中。然而，照明配置图毕竟有别于一般的图纸，它是专门为了准确传达照明设计意图而绘制的图纸。

■初步设计怎样展开

初步设计是以概念构想阶段绘制的草图等资料为基础展开的

照明灯具的选择

在翻阅产品样本的同时，确定灯具的性能和规格

●光源种类

色温
照度
配光
更换方法
热量
可调光否
显色性
售价 等

●灯具种类

是否展示灯具本身
售价
筒灯
射灯…
间接照明
装饰照明 等

●建筑和室内的状态及
条件

安装场所
嵌入顶棚
吸顶
顶棚内空间 等

能实现光的效果与氛围的灯具
有很多。开始时，最好带着喜
好与成本因素去挑选。

照明灯具的配置

根据照明手法和采用的灯具来考虑安
装位置

●平面图

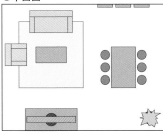

照明配置图中照明灯具均以符号标出。尽
管不必按实际尺寸大小绘制，但按比例绘
制则可减少图纸的错误。尤其像荧光灯那
样较长的灯具，更要画出其准确长度。安
装位置虽然也要尽可能正确画出，但在最
后的施工图设计和施工阶段还要调整

D1 = 筒灯
D2 = 万向筒灯
P　 = 吊灯
FL = 荧光灯 (间接照明)
ST = 立灯
S1 = 射灯

●按顶棚平面图绘制的照明配置图

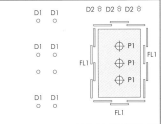

●按地面平面图绘制的照明配置图

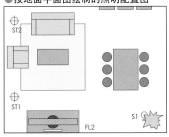

施工图设计·施工阶段

在与灯具规格有关的内容中，要填入光源的色温和
光束角等参数灯确定值，以防止施工中出现错误

point

施工图设计的展开

照明工程的施工图设计，最好与建筑和室内的施工图设计同时完成。作业过程中，应根据成本调整及其后的设计变更情况，综合考虑灯具的选择和配置。这时，还要对灯具表和产品规格资料进行修订，并据此改定总体布置方案。而且，在兼顾建筑结构、顶棚内部状况和照明以外的设备装置等的基础上，确定正确的安装位置。然后，才能绘制出照明灯具安装详图。

根据各种必要信息整理而成的灯具产品规格资料，应简明易懂。并且，从中指定荧光灯和HID等光源的色温、射灯类灯具的光束角（光扩散的程度）等指标。这些指标，是决定照明设计效果好坏的重要因素。只有在图纸上给出正确的指示，才能防止施工中出现错误。另外，还不要忘记，提前修正范例，使其与最终确定的图纸内容相符。

施工阶段的重点

在施工阶段，建筑和室内设计有关人员会进行现场协商，照明设计者也要适时加入其中。只要对安装位置作微小调整，照明的效果便会有很大不同。尤其是间接照明，改变安装方式则很容易使光的扩散等也发生变化。要避免出现这样的情形，利用安装详图准确传达设计意图便显得很重要。譬如，当使用局部模型（模拟）时，可以与施工者共同商讨灯具的安装方法和配置方式等。

另外在施工阶段，还要对指定灯具和特制灯具的最终订货进行确认，并将其发送到现场。有时，厂家在订货前才提出产品确认图，因此应对其内容仔细检查，看其中有无错误和模糊之处，然后再进行确认，并据此正式下订单。

■施工图设计的作业程序

●因成本调整而对灯具表（范例）的修订

修订前

区间	代号	照明类型	光源	W	台数	合计容量[W]	厂家	编号	单价	合计
起居室	D1	吸顶灯	透热反光型卤素灯具 65W	65	8	520	A厂	xxxxxxx	¥12,000	¥96,000
	FL2	间接照明	线型光源（调光）	39	1	39	B厂	xxxxxxx	¥20,000	¥20,000
	ST1	立式灯	白炽灯 60W×3	180	1	180	C厂	xxxxxxx	¥60,000	¥60,000
	ST2	立式灯	白炽灯 40W	40	1	40	D厂	xxxxxxx	¥40,000	¥40,000
餐厅	D2	万向筒灯	透热反光型卤素灯具 50W	50	3	150	A厂	xxxxxxx	¥14,000	¥42,000
	FL1	间接照明	HI 荧光灯（调光）	32	18	576	B厂	xxxxxxx	¥18,000	¥324,000
	P1	吊灯	白炽灯 40W	40	3	120	E厂	xxxxxxx	¥15,000	¥45,000
	S1	射灯	LED 3W	3	1	3	A厂	xxxxxxx	¥16,000	¥16,000

修订后

区间	代号	照明类型	光源	W	台数	合计容量[W]	厂家	编号	单价	合计
起居室	D1	吸顶灯	透热反光型卤素灯具 65W	65	8	520	F厂	xxxxxxx	¥8,000	¥64,000
	FL2	间接照明	线型光源（调光）	39	1	39	B厂	xxxxxxx	¥20,000	¥20,000
	ST1	立式灯	白炽灯 60W×3	180	1	180	G厂	xxxxxxx	¥30,000	¥30,000
	ST2	立式灯	白炽灯 40W	40	1	40	G厂	xxxxxxx	¥20,000	¥20,000
餐厅	D2	万向筒灯	透热反光型卤素灯具 50W	50	3	150	F厂	xxxxxxx	¥9,000	¥27,000
	FL1	间接照明	荧光灯（调光）	40	18	720	F厂	xxxxxxx	¥14,000	¥252,000
	P1	吊灯	白炽灯 40W	40	3	120	E厂	xxxxxxx	¥15,000	¥45,000
	S1	射灯	卤素 20W	20	1	20	F厂	xxxxxxx	¥9,000	¥9,000

初步设计的内容如有变更，应尽可能在不改变灯具和光源的性能及规格的前提下做成本调整

●确定安装位置

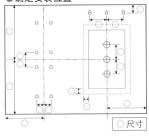

○尺寸

在图上标出基准线和灯具位置等尺寸

●指定光束角

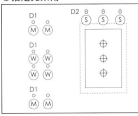

如光源的光束角已指定，将其标注在图纸上

代号	光束角	
Ⓢ	窄（狭角）	10°
Ⓜ	中（中角）	20°
Ⓦ	宽（广角）	30°

■施工阶段的模拟作业

想要确定间接照明效果和细部尺寸

→ 制作实物大小的局部模型（模拟）

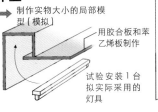

用胶合板和苯乙烯板制作

试验安装1台拟实际采用的灯具

检验光的扩散程度和外观效果

最终调试·调焦

为达到设计上所要求的光状态而进行的调焦，可使
照明设计的效果更趋完美

point

最终调试要确认的事项

照明灯具配置完成后，即可进行最终调试。通过调试，检验各种灯具的安装是否符合原设计或变更设计的要求。调试时检测的重点如下。

①光源的色温是否符合指定值

②射灯的灯具和光束角是否符合指定值

③间接照明的灯具与光源是否匹配，是否已隐蔽到无法直接看见的程度

④能否确保所需要的照度

⑤光是否达到预想的效果

⑥色温与照度的均衡性是否理想

⑦空间中各件器具的外观与设想的是否一致

⑧灯具性能是否与预想的相符

假如在安装和设定上出现不吻合或收容不下的情况，要向业主讲明，在其表示理解的基础上设法采取应对

措施。如果业主要求对安装配置不吻合等情况加以解释，设计者最好就设计意图和效果、并包括成本和期限等内容与业主相互协商。

通过调焦使照明设计效果更趋完美

最终调试阶段进行的调焦，系指按照设计意图对照射艺术品、植物和家具等对象物的灯光所做的调节。类似射灯那样配有可调节灯光方向装置的调焦，往往也被称为拍摄和瞄准。这样的作业，最好事先委托给电气设备安装公司和制造商。

在购物店和餐饮店等处，由于使用射灯和万向筒灯较多，因此调焦是对店面照明效果具有决定性影响的重要步骤。像透热反光型卤素灯那样自身带有配光角度可选装置的灯具，此时可以调节其配光和光的层次等。

此外，住宅等处的调焦也会使照明效果更加理想。

■现场的最终调试

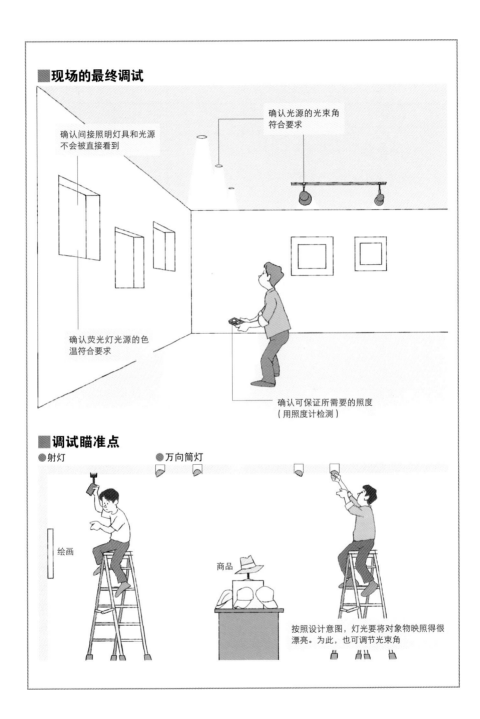

确认光源的光束角
符合要求

确认间接照明灯具和光源
不会被直接看到

确认荧光灯光源的色
温符合要求

确认可保证所需要的照度
（用照度计检测）

■调试瞄准点

●射灯　　　　●万向筒灯

绘画

商品

按照设计意图，灯光要将对象物映照得很
漂亮。为此，也可调节光束角

效果展示

利用形象资料更好地表现光的氛围。对于灯具，尽可能在产品陈列室等处确认实物

point

提出概念阶段

照明设计的效果展示，主要是在提出概念和初步设计的阶段；但亦可贯穿设计过程的始终。在提出概念阶段，要汇集主题笔记、草图和形象摄影中的关键词和准备形象资料，以便于征询业主的意见。而且，还要根据建筑和室内的设计进展情况，绘制出光的布局图、立面图和透视效果图等，完成表现照明效果的图纸资料。

在使用这些资料做效果展示时，如何更好地表现出灯光所营造的氛围，是件很重要的事。要做到这一点，可采用多种手段。有时，即使是手绘的草图，只要具有足够的表现力，也会比真正的CG效果更好。而且，要全面展示出实际的光效果和完成后的整体氛围，使用收集到的杂志和样本中的照片加以提示，也不失为一个好办法。这种场合，最好再给每幅照片加上标题和文字说明，则更便于人们理解。

初步设计阶段

在初步设计阶段，往往需要做照度计算，并绘制出照度分布图。在需要征询众人意见时，还得用电脑3D技术打印出模拟光效果的CG和制作模型等。假如能够通过CG再现出装饰材料的质感、反光率以及发自光源的光量和配光等，便可以提高效果展示的精确度。照明的模拟方法，有光线跟踪法和光能传递法等，其模拟效果均与实际情形接近。不过，使用CG时，其作业成本要高些。而且，也要注意这种现象：由于电脑画面亮度和打印色调的不同，展现的效果也会有差异。

由电脑所做的效果展示，因形象易懂，故具有明显的优越性。然而归根结底，这不外乎是一种桌上的模拟手段，充其量也只能作为参考而已。凡是重要的照明灯具，均应去制造商的陈列室那里逐一确认实物。

■效果展示资料

●光的布局图

●光的形象草图

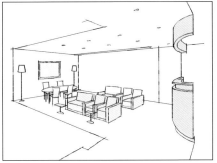

●光的形象照片

●通过 CG 模拟出的光效果

●照度分布图

●照明灯具展示板

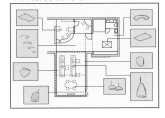

编制这些形象资料，尽可能通俗易懂地表现出灯光营造的氛围和光效果

■确认照明灯具实物

重要的照明灯具，均应到照明制造商的陈列室等处确认实物

施工过程中，在现场用实物照明灯具进行试验，也不失为一个好办法

配线设计和开关

住宅的配线设计，是在想象怎样组合电路才便于日常生活的过程中确定的

point

绘制配线布置图

在照明设计的初步设计阶段，灯具布置计划要与配线设计同时进行。配线布置图（参照本书238页）中标注着控制照明的开关位置及其可用某个开关控制的照明组合。

制图时，要描绘出3路开关和调光开关等的不同特点，使其容易辨认。开关的位置关系到门开阖的方向和室内装饰效果，因此不能直接委托给安装公司，最好在与概念设计者商量后再将其标注到图纸。

住宅配线设计中的开关，基本都采用手动控制的简单结构。因此，设计上要考虑怎样组成回路才更便于日常生活。在大型设施中，先要根据照明开闭的不同时间段进行分区，然后再按照开闭和调光的回路分组做配线设计。换句话说，要将回路分配到调光均衡度相同的一个个分组中去。

开关和调光装置

因开关基本上均须符合日本标准，故可选择的范围不是很广。需要使用进口或专门定制的产品时，电气回路部分则应依据日本标准重新布置。

带调光装置的开关，一般用于住宅内的起居室、餐厅和卧室等处。这样的开关，有的可用旋钮分别控制单个回路，也有的可通过电子控制装置在1个面板上操作多条回路。所用产品的性能越高，设备费用也越多。因此，最好在设计的初期便考虑到成本问题。

电子控制的调光装置可以根据诸如晚餐、家庭团聚、AV影院和交际晚会等各种场景设定光的效果，并且只用1个按钮就可将其再现出来。在酒店之类的大型设施中，往往会设置很大的调光盘，定时再现出各种光的场景效果。通过光在各个时间段的变幻，营造出令人心旷神怡的氛围。

■绘制配线布置图

● 顶棚照明的布置计划图

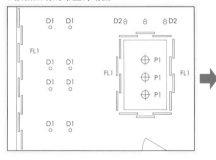

● 顶棚照明的配线布置设计图

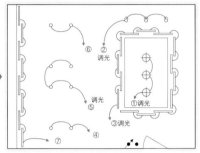

● 3 路开关

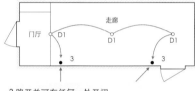

3 路开关可在任何一处开闭

| ● 开关 | ✔ 调光开关 | ●3 3 路开关 |

● 标注开关和调光开关的位置
● 按照调光和开闭的区别分配回路，用配线将同一回路连接起来，并给每个回路编上代号（要注意各个回路的 W 数。不同调光装置和灯具的上限值亦不一样）
● 在图纸上清楚地标出哪个是调光开关

■开关的种类

● 普通的 ON/OFF 开关

● 手动调光开关

旋钮式

滑动式

可用旋钮等每个单回路调光

● 场景效果记忆型开关

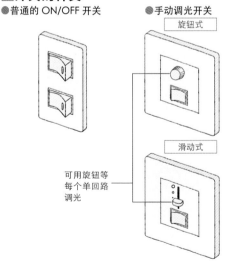

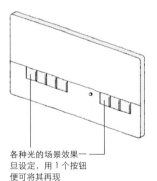

各种光的场景效果一旦设定，用 1 个按钮便可将其再现

应根据设施规模的大小和预算的多少选择调光装置。制造商、设备设计者和照明设计师最好协商一致

照明设计基础知识

47

调光设计·情景设定

因须根据调光范围适当改变灯具的选项，故在做初步设计的早期即应对调光设计给予足够的重视

point

住宅的调光设计

住宅中的调光设置，大都局限于起居室、餐厅和卧室等部分。有时，根据调光范围的不同，可能会改变照明灯具的选项。因此，从照明初步设计的早期开始，即应对调光设计给予足够的重视。但凡调光场合所使用的灯具，都要从白炽灯、可调光的荧光灯和LED灯中选择。

顺便说一下，大型设施出于要在大范围内获得均衡照明亮度的考虑，会在空间形象上做较夸张的组合。为此，往往要安装调光盘，以对设施整体进行调光布置。

调光与节能

调光本来就与减少耗电量和节能相关联。虽然无论调光与否灯具的初始成本并无多大变化，但是调光开关用得较多，电气工程费用必然上升。因此，为了降低初始成本，应尽量缩小调光的范围。当然，如果对空间氛围的营造十分重视，就不能不扩大调光的范围。在不调光部分较多的情况下，从节能方面考虑，选择器具时可以增加荧光灯和LED灯的数量。

在商业设施等处，都很重视空间氛围和光的显色性，一开始多半会选择白炽灯。这时，不仅要注意到亮度均衡问题，为了延长白炽灯泡的寿命，还应采用调光开关。最近，LED灯正在取代白炽灯泡，被越来越多地采用。但要注意的是，其中以不可调光型的居多。

调光情景的设定

如果要在住宅内采用可记忆调光情景的装置，则应该按照诸如工作、家庭团聚和交际晚会等各种场景，将各个回路的平均亮度和情景效果制成图表，再对照眼前的视觉效果做光的设定。像这样用图表形式列出光的各种情景，被称为给情景效果打分。

■亮度与耗电量（采用白炽灯时）

亮度 100%
亮度 80% 约节能 10%
亮度 60% 约节能 20%
亮度 40% 约节能 30%
亮度 20% 约节能 50%

耗电量 [%]

光束比 [%]

■具有情景记忆功能的调光开关

●工作场景 **100%**

调光开关

使其记住对各种场景最适宜的光，可用 1 个旋钮将其再现

对读书看报最适宜的亮度

●家庭团聚场景 **50%**

看电视时最适宜的亮度

●交际晚会场景 **40%**

营造温馨或热闹气氛时最适宜的亮度

● AV 影院 V 场景 **20%**

通过家庭影院欣赏影片时最适宜的亮度

■亮度的均衡

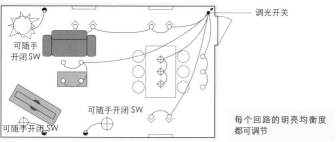

调光开关

可随手开闭 SW

可随手开闭 SW

可随手开闭 SW

每个回路的明亮均衡度都可调节

49

照明的初始成本

做照明灯具预算时，应认识到其费用可分摊入电气
设备和家具备用品项下

point

照明灯具的成本

照明灯具要用多大初始成本、将照明设计的总预算定到多少合适，这对于建筑和室内的总体成本控制十分重要。

一般说来，照明与给排水设备相比，所用成本要小些。例如住宅项目，在设备工程费占总工程费用约15%的情况下，照明的成本仅占2%～4%，造价可按每坪（约3.30m²）1.5～3万日元计。尽管这往往并不符合低成本或总预算较大的情形，可是仍可以说，在建筑和室内的总预算中，照明成本所占的比例明显较小。

不过，由于用在照明上的预算多少不同，最后显现的视觉效果也迥异。即使削减照明的预算，尽量将亮度和功能控制在必要范围之内，如此也能够建成一座可供居住的房屋；然而，

只要将分配给照明的预算稍多一些，就可以使住宅的舒适度和视觉上的满足感得到进一步提升。

将照明当作性价比高的家具

在把照明当作建筑工程中的电气设备看待时，那便很难增加其预算。可是，如将其看作与新房中添置的窗帘和沙发等一样的家具，则调整预算就会较容易。实际上，照明灯具作为室内装饰的一部分，是营造空间氛围的重要手段，也能够使居住者感到更舒适。

进一步讲，即使购入的家具和采用的装饰材料价格再高，假如烘托这些的照明在设计上不理想，期待中的豪华感恐怕也展现不出来。因此可以说，照明既是设备，也是一种性价比高的家具。

如何看待照明预算

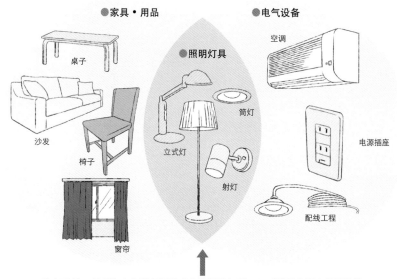

●家具·用品
　桌子
　沙发
　椅子
　窗帘

●照明灯具
　立式灯
　筒灯
　射灯

●电气设备
　空调
　电源插座
　配线工程

兼有家具·用品和电气设备两种功能的照明灯具，可以说具有很高的性价比

照明是高性价比的家具

假如仅添置沙发和茶几之类的家具，有时也需要数百万日元

**预算
数十万日元**

即使是廉价的家具，只要在照明方面稍下功夫，也可使空间氛围营造得很好

**预算
数万日元**

照明的运行成本

通过对光源效率和灯具更换费用等的仔细斟酌，可以降低照明的运行成本

point

照明灯具与成本

在照明设计上，影响运行成本的因素是耗电量和灯具更换费用。从耗电量方面讲，一般都将光源更亮的灯说成光源效率（参照本书 34 页）高。最新的下照型 LED 筒灯效率最高，可达到 130lm/W。其次是高效率的 Hf 荧光灯和 HID 灯中的高效金属卤化物灯，其光源效率均为 110lm/W 左右。顺便说一下，普通的筒灯用紧凑荧光灯的光源效率大约为 65lm/W。在光源效率相同的情况下，所需电费也基本一样。

光源的寿命，如系 32W 的 Hf 荧光灯和 100W 的金属卤化物灯，均为 12000 小时。光源的价格，相对于 32W 的 Hf 荧光灯 3 台 96W、1400 日元 ×3=4200 日元，1 台 100W 的金属卤化物灯便需 16400 日元，要贵得多。下照型 LED 筒灯的寿命长达 4 万小时，

如用 100W 的 6 台,总价为 63000 日元，相当于每 12000 小时的价格为 18900 日元，似乎比金属卤化物灯贵些，但却具有维修次数少的优点。

开灯时间长短也有影响

影响运行成本的一个重要因素是，一天或一年当中开灯总计有多少个小时。白炽灯与荧光灯等灯具相比，光源效率明显要低，寿命也短。可是，根据使用的场所，有时在运行成本方面并无差别。譬如，在厕所和洗漱间等处，虽然开灯时间较短，但是一天要开关多次。

假设 1 年的开灯时间为 500 小时，将白炽灯泡用于筒灯的场合与使用同样亮度紧凑型荧光灯具的场合进行比较，荧光灯具的寿命要长 6 年左右，凸显其成本优势（参照左图）。不过，如将灯具自身的寿命都设为 10 年左右的话，应该说最终的差异并不大。

■各类光源运行成本比较

●在以 HID 灯中的高效金属卤化物灯 (功率 100W、全光束 11000lm) 为基准的情况下

	1 台耗电 [W]	1 台全光通量 [lm]	光源效率 [lm ／ W]	100W 台数	100W 全光通量 [lm]	灯单价 [日元]	寿命与成本
HID 灯中的高效金属卤化物灯	100	11,000	110	1	11,000	16,400	100W1 台每 12000 小时 **16400** 日元
Hf 荧光灯	32	3,520	110	3	10,560	1,400	32W × 3 台每 12000 小时 **4200** 日元
下照型 LED No.1	15.8	2,124	130	6	12,744	10,500	15.8W × 6 台每 40000 小时 **63000** 日元
紧凑型荧光灯	12	780	65	8	6,240	1,900	12W × 8 台每 6000 小时 **15200** 日元

■不同开灯时间的运行成本比较

●紧凑型荧光灯 27W(相当于白炽灯 95W 亮度) 与白炽灯 95W 的灯具费用和光源费用合计的运行成本比较。
分别为年开灯 5000 小时和年开灯 500 小时

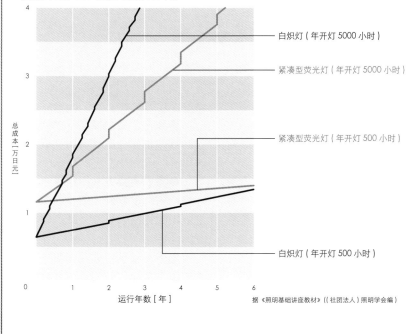

白炽灯 (年开灯 5000 小时)

紧凑型荧光灯 (年开灯 5000 小时)

紧凑型荧光灯 (年开灯 500 小时)

白炽灯 (年开灯 500 小时)

总成本 [万日元]

运行年数 [年]

据《照明基础讲座教材》((社团法人) 照明学会编)

照明的维护

在经过平均寿命70%时更换成新灯泡被认为最经济

point

维护是值得的

照明灯具在使用过程中，因灯泡表面污垢和光源本身光通量的减少等会导致其亮度降低，需要适时清扫或更换成新灯泡。假如置之不理，不进行维护，便无法达到设计时的亮度，甚至夜间什么都看不清；除此之外，还会增大耗电量。再有，灯泡因使用环境不同，其污损和劣化的程度也有差异，故而应根据使用环境来决定维护的期限。

适当维护有以下好处：①可控制灯具设置台数和减少投资费用、②可降低灯具功率和节省电费、③提升写字楼从业人员的士气和活力、④可提高亮度和确保安全性、⑤可提升店铺形象和人气、⑥提高设施整体价值。

更换灯泡的期限和方式

一般认为，将灯泡达到其使用周期平均寿命的70%作为更换期限是最经济的。至于灯泡的更换方式，则有以下几种。

●**个别更换方式** 将已变暗或无法点亮的灯泡更换成新的。适用于住宅等处。

●**个别区段更换方式** 一经发现无法点亮的灯泡即将其更换，并在未来的一定时间内将所有的灯泡都换成新的。在大型酒店和写字楼等更换灯泡需要人事费用较高的场所，采用这样的方式比较划算。

●**集中个别更换方式** 当无法点亮的灯泡达到一定数量时，或按规定的期限，将无法点亮的灯泡全部换掉。

●**集中更换方式** 在无法点亮的灯泡达到一定数目之前或在未达到一定的期限之前，暂不处理。在规定的时间将所有的灯泡都换掉。

集中个别更换方式和集中更换方式适用于更换作业不方便的场所。但要注意的是，无法点亮的灯泡如果不处理，也可能成为事故的原因。

■维护时检查重点

●如有以下各种情形，即应对灯具和光源进行维护

分类	检查项目
使用环境	□ 上次清扫后经过半年以上 □ 更换灯泡和启辉器后经过 1 年以上 □ 电源电压高（达到额定电压的 103% 以上） □ 安装部分经常受震动影响 □ 安装场所潮湿 □ 使用场所有腐蚀性气体、粉尘和海风等 □ 灯泡和启辉器已到寿命仍未处理
光源	□ 经常闪烁 □ 更换的新灯泡不能每次都点亮 □ 开启后亮灯时间滞后 □ 明显不如其他灯亮 □ 寿命比从前要短 □ 灯泡很快发黑
灯具本身	□ 本体和反射板有污垢或变色 □ 塑料外壳变脏或变色 □ 塑料外壳已变形和出现裂纹 □ 与墙壁接触面出现裂纹、锈蚀或鼓包 □ 灯具内电线绝缘开裂和露出芯线 □ 有焦煳味 □ 由于照明灯具的原因，有时发生漏电断路现象 □ 活动部分的动作不顺畅 □ 灯泡因固定不牢而摇晃 □ 灯具内的部件积满灰尘

出处：（社团法人）日本照明器具工业会资料

一点提示 照明灯具工业会规定，照明灯具更换的适当期限为 8 ～ 11 年、耐用年限为 15 年。而且，不仅照明灯具本体，即使镇流器和配线部分等，如疏于维护也会劣化。劣化后再不及时处理，便有酿成漏电事故和火灾的危险

老龄者与照明

要构筑适合老龄者的光环境，关键是确保亮度、提升光环境的品质和防止令人不快的眩光发生

point

老龄者的视觉特性

随着社会成员的逐渐老龄化，也有必要使照明营造出的光环境适合老龄者的特点。要做到这一点，关键是应该了解，人随着年龄的增大视觉特性所发生的变化。人的视力、焦点调节力和色彩识别力等方面的视觉特性，在20年龄段的后半期开始退化，自40年龄段后半期起便进入视觉意义上的老龄者范畴。因此，适合老龄者的照明，与其说是老龄者居住空间的照明，不如将其看作通常光环境的延伸。

一般情况下，当视野内有亮度较高的光源时，光便会在眼球内造成散射现象，人的年龄越大，散射的程度越严重。由此导致难以看清周围的东西，并让人感到很不适服。而且，对于老龄者来说，即使亮度不太高的光源，也会让其感到很刺眼。

适合老龄者的光环境

构筑适合老龄者的光环境，应按照以下要求去做。

●**确保足够的亮度** 虽然住宅的照度系根据JIS照度标准确定，但是老龄者的居住空间应将其设定得高一些。餐厅和书房的照度要达到JIS标准的2倍左右；房间的所有照明则要达到JIS标准的3倍上下；夜间的走廊和卧室等处，其照度指标要定到JIS标准5倍的样子。

●**提升光环境的品质** 使用光色及其显色性好的光源，会让人的脸色看上去容光焕发，显得很健康，还能使食物看上去很美味。

●**防止令人不快的眩光发生** 将高亮度的光源和灯具从老龄者的视野中排除，以防止令人不快的眩光发生。光源色温越低，越不易引起人的不快感。

●**确保安全、令人放心** 当从明亮场所骤然移动到黑暗场所时，眼睛一下子很难适应。因此，尽可能不要让空间存在明暗差别。

●**要考虑到操作性和维护管理的问题** 将照明灯具和开关设置在日常生活中老龄者经常活动的地方。另外，要选择那种在更换和清扫时不会摇晃的照明灯具。

■与年轻人比较

年轻人
即使有点儿刺眼也能够看清文字等

老龄者
虽亮度足够，但一晃眼便看不清文字等

即使对于老龄者来说亮度足够的光源，假如选择的灯具或安装位置不合适，也不一定适合老龄者

● 照度设定

年轻人		老龄者
300 ~ 750lx	阅读 进餐 **2 倍照度**	600 ~ 1,500lx
30 ~ 75lx	起居室的整体照明 **3 倍照度**	90 ~ 215lx
30~75lx	走廊 **5 倍照度**	150 ~ 375lx

照明设计基础知识

材料与光的关系

越是表面质感有特点的材料，越能发挥展现照明效果的作用

point

材料与照明的适配性

灯光映照装饰材料的方法各不相同，这取决于材料的特点和映照的目的。假设想突出表现材料的阴影和耀目，应采用点光源的射灯；反之，如要凸显材料的光滑平整，则应使用荧光灯和洗墙灯之类面发光的照明。越是表面质感有特点的材料，越能发挥展现照明效果的作用。

此外，材料与光源颜色的适配性也很重要。一般情况下，暖色调的装饰材料，宜采用色温低的照明；假如装饰材料为白色调时，则适用色温高的照明。如按材料种类分开来说，木材等褐色系的材料适合与暖白色灯光相配；金属和混凝土等与白色或色温更高的光适配性好些。被灯光映照的石头近于暖白色，这样的暖色调使其看上去更自然。白色墙壁，能够与从暖白色到昼光色的各种光色相配。因此，可与其他部位以及材料结合起来加以选择。

材料的有效烘托方法

还要注意到材料的有效烘托方法。表面凹凸不平的材料，使用以接近与墙面平行角度照射的洗墙灯（系指灯光似自上而下刷洗墙面的意思），凸显其阴影，可较好地表现出材料的特点。而且，还会使窗帘和布饰等的表面质感产生变化。如系采用石材，同样能够将材料的特点烘托出来。不过，假如材料表面是抛光过的，因会反射光，要有效地烘托比较困难。凡是反光的墙壁和地面，避免采用间接照明。此外，像布料、毛玻璃、半透明薄膜、贴花纸的玻璃以及彩绘玻璃之类透光的材料，均应在斟酌其透光性能和光的色阶之后，再考虑如何表现光的效果。

上面提到的这些照明方法，不仅是从效果出发，也考虑了收纳、安装、检修和成本等诸多因素。

■材料的烘托方法

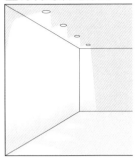

用洗墙灯照射平面的传统表现手法

用洗墙灯自墙边照射时，可凸显出明暗的对比。用于凹凸不平的材料效果更好

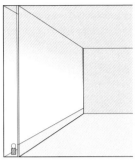

使用乳白色玻璃之类的材料，自背面照射灯光，可营造出光的漂亮层次感

■光源与材料的适配性

材料		自前面照射				自背面照射			
		白炽灯	荧光灯 3,000K	荧光灯 5,000K	HID 灯 4,200K	白炽灯	荧光灯 3,000K	荧光灯 5,000K	HID 灯 4,200K
不透明材料	木材	○	○	×	△	—	—	—	—
	石材（白色系）	○	○	△	○	—	—	—	—
	石材（灰色系）	○	△	△	○	—	—	—	—
	石材（黑色系抛光）	△	△	×	△	—	—	—	—
	石材（绿色系）	△	×	○	○	—	—	—	—
	钢材（金属色）	△	△	○	○	—	—	—	—
	不锈钢	○	△	△	○	—	—	—	—
	铝	△	△	○	○	—	—	—	—
	混凝土	△	△	○	○	—	—	—	—
	白色壁纸	○	○	○	○	—	—	—	—
透光材料	乳白色玻璃	—	—	—	—	○	○	○	○
	玻璃（贴膜）	—	—	—	—	○	○	○	○
	彩色玻璃类	—	—	—	—	△	○	○	△
	布（窗帘等）	○	○	△	○	○	○	△	○
	金属网	○	△	△	○	○	○	○	○

在委托照明设计时

在与专家洽谈时，要将"空间的设计概念"和"想要实现的照明效果"等内容准确无误地传达给对方

point

与照明灯具厂家洽谈

现在，大多数建筑设计者和室内设计师都能够理解照明设计的重要性，认识到要构筑出更理想的空间，不能缺少高水平的照明设计。然而现实情况却是，要想在对建筑及室内的结构、细部处理和设备等做整体研讨过程中，掌握与照明设计有关的知识和技能，积累更多的经验又相当困难。面对这种情况，我们只能选择向照明领域的专家请教、并将照明设计委托给他们来做。

照明灯具供应商，也类似于照明专家，与厂家的相关人员洽谈算是一条捷径。凡是大的厂家，都有自己的照明规划师、照明设计师和照明咨询师等专职人员，可以接受照明设计的委托。不过，相对于洽谈的方便，这样做也有一个缺点：照明设计中所选的灯具偏向于自己公司的产品。

与照明设计师洽谈

如果要选择多个厂家的产品、以较大自由度构思照明设计，最好找独立执业的照明设计师洽谈。其实，照明设计师也各有自己擅长的领域，只有与对项目感兴趣的照明设计师洽谈，才能了解设计师的想法是否符合自己的要求以及将来与之打交道是否容易等等。委托照明设计师的优点是，灯具的采购不局限于特定厂家，而且能够用专家的眼光去做照明设计。即使在预算变更的情况下，也能够对多个厂家做比较研究，围绕原有的设计理念，制定出最佳方案。但是，也需要支付与设计和咨询有关的费用。

无论是厂家的照明规划师，还是独立执业的照明设计师，但凡与专家洽谈时，都要将"空间的设计概念"和"想要实现的照明效果"等内容准确无误地传达给对方。

委托照明设计的 2 种方法

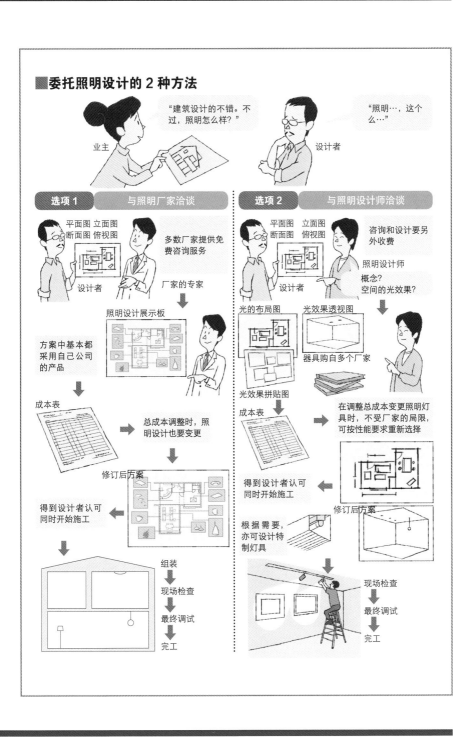

在定做特殊照明时

委托照明厂家附设的灯具设计部门、小型的灯具制
作公司和照明设计师等制作

point

定做照明灯具的特有魅力

假如对照明灯具的外观有特殊要求，并想使其符合建筑和室内的某种设计效果，有时需要专门定做一些照明灯具。构成室内设计元素的吊灯、枝形灯、吸顶灯和壁灯等，以及重点突出灯罩等装饰部分的落地灯等，作为建筑和室内设计的一部分，可以交由设计师本人及其设计团队来制作。由弗兰克·劳埃德·赖特和阿尔瓦·阿尔托（AlvarAalto，1898～1976，芬兰建筑师和家具设计师。——译注）设计的照明灯具就是这样诞生的，而且是公认的名牌产品，至今仍在生产。

不仅像这样设计特点突出、装饰性很强的照明灯具，而且就连筒灯、射灯和间接照明灯具也可以专门定做。

委托制作的对象

假如家具和布饰与灯罩的材质和色调太相近、需要改变现售成品的颜色或造型，就必须专门定做。

通常，在特殊订货交付制作之前，设计者都会先与打过交道的照明厂家相关人员商量。而且，明确提出交由厂家的灯具设计部门来设计，并由照明设计师与厂家共同制作。此外，也可以由照明设计师与小型的灯具制作公司洽谈，直接委托其制作。不管采取何种方式制作，关键是要将不用定型产品的意图和目的以及灯具的造型等内容，准确无误地交代给对方。如果有相关的照片和草图之类的形象资料，对方理解起来会更容易些。

从成本方面来讲，专门定做的照明灯具可能会比定型产品价格高一些。尤其是住宅类的小项目，尽管不是大范围使用定做照明器具，但多半也会使成本提高。如果是大型项目，因具有规模优势，故即使采用定做灯具，也不会比定型产品的成本高到哪里去。

■特殊定做照明灯具的制作

样本

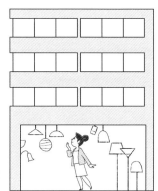

产品陈列室

去照明厂家的陈列室，翻阅其产品样本，能够看到该厂家的全部产品。可是，如十分注重外观、并希望与建筑和室内的设计相配，还是采用特殊定做的照明灯具效果更好

●洽谈对象

想象中的灯具造型找不到⋯

此时

从设计阶段即可开始制作所要求的照明灯具。与照明厂家商量，让其按照设计改变定型产品的表面颜色和装饰效果，也可以整体委托灯具制造商和照明设计师来专门制作

●有来往的厂家相关人员
●小型的灯具制作公司
●照明设计师
等洽谈特殊定做照明灯具的问题

●成本

住宅类的小型项目，即使定做照明灯具用得不多，也会增加成本

大型项目，如使用的定做照明灯具数量很大，则可使成本降下来

column 筒灯的隔热措施

■将照明灯具设置在做过隔热处理的顶棚内

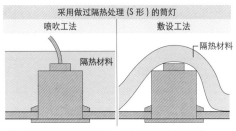

采用做过隔热处理（S形）的筒灯

喷吹工法　　　　敷设工法

隔热材料　　　　　隔热材料

●隔热材料不用切割即可施工，具有较高的耐热稳定性

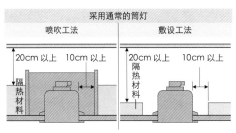

采用通常的筒灯

喷吹工法　　　　敷设工法

20cm 以上　10cm 以上　　20cm 以上　10cm 以上

隔热材料　　　　　隔热材料

●距照明灯具安装位置 10cm 插入隔热材料或设置隔热墙

热量容易聚集

从结构上看，筒灯所产生的热量容易聚集在嵌入顶棚内的照明灯具本体中。聚集的热量会在灯具内部产生高温，有可能损坏灯具甚至酿成火灾。因此，通常使用的筒灯灯具为了能够将热量释放到顶棚内部去，都在其本体上部设有散热用的开口。

采用做过绝热处理的照明灯具

多数住宅，出于提高冷暖房效率和隔声的目的，往往会在顶棚内敷设隔热材料和隔声材料。如在这样的住宅里设置通常用的筒灯，则有必要敷设散热用的隔热材料之类。虽然这样做将增大施工量，但却能够使至关重要的隔热和隔声的性能有了保证。

■S 形标识

（社）日本照明器具工业会

S

JIL 5002

据 JIL5002-2000

●贴在做过隔热处理的筒灯上

为提高施工效率，可以采用那种不用切割隔热材料即可施工、并且能确保耐热安全性的"做过隔热处理的照明灯具"。做过隔热处理的照明灯具被称为 S 型、与敷设成馒头状的隔热处理对应的被称为 SG 型、与喷吹工法隔热处理对应的被称为 SB 型。凡做过隔热处理的照明灯具，都贴有日本照明灯具工业会的 S 形标识。

另外，如将通常用的筒灯设在做过隔热处理的顶棚处，应在距灯具安装位置 10cm 处插入隔热材料，或者不用隔热材料遮盖，而是事先在顶棚内的灯具安装位置设隔热墙。

Chapter

3

居住空间
照明设计

事前征询意见

包括亮度偏好、使用照明习惯和生活方式等，广泛地征询业主家庭成员的意见

point

还是平平的照明设计较多

在因设计者过于自信和想当然而引起业主对照明设计的抱怨中，最难以分辨的是光线太暗。尽管这是一个致命的缺点，但是要解决起来并不困难，只要多配置一些照明灯具就可以了。在这样的心态驱使下，造成了令人遗憾的后果：非常多的住宅都将照明设计的重点放在提高亮度上，以免业主在这方面有意见。

如果要将房间搞得亮一些，那是再简单不过的事。然而，即使在建筑、室内和家具等的设计上绞尽了脑汁，却对照明设计敷衍了事，就没有真正实现要将全部生活空间构筑得更完美这一崇高目标，可以说是放弃了设计的一部分。

征询业主家庭成员的意见很重要

住宅照明设计的概念和形式等的确定，在很大程度上要受到业主家庭成员的偏好、生活方式、家庭成员的构成及其年龄等因素的影响。开始做照明设计之前，先要全面了解以下情况：业主家庭对亮度的偏好、使用照明的习惯、对照明的期待、经济性的考量、对照明的功能性及其营造的氛围是否关注、业主家庭生活方式以及看待各种事物的观点和方法等。然后，再以此为基础制定设计指导方针，并作出详细说明。

另外，照明所用的灯具与其他装饰材料不同，单凭看灯具的照片，很难想象出光的状态和亮度等。即使靠翻阅样本暂时选定了某种灯具，也得随其他客户一起到厂家的产品陈列室去确认实物，并且还应向厂家的相关人员咨询。

不过，即使这样，光的照明效果也会因室内的装饰、颜色、面积大小以及顶棚高度等的影响而有不同。设计者平时应养成习惯，多多地观察各种照明灯具，将光的状态作为一种空间体验留在记忆中，逐渐积累关于灯具和光的实践经验。

■照明设计征询意见表

项目	目的	征询意见内容
家庭结构	查清 必要照明	■ 家庭结构 掌握各家庭成员的年龄、性格和爱好等
职业	了解主要生活空间的照明（按每个家庭成员）	☐ 用冷色调的昼白色荧光灯照明的环境 ☐ 用暖色调白炽灯照明的环境 ☐ 射入自然光的环境 ☐ 其他
兴趣·爱好	了解 生活方式	■家庭成员的兴趣和爱好 在具体探询业主对建筑的满意度以及抱有何种期望时，最好能通过实例与其达成共识
建筑物用途	考虑适合用途的照明	■对建筑物整体用途的确认 除了家庭对照明的偏好，还要了解是将建筑物用作住宅、住宅兼办公室、还是别墅。并根据实际用途制定照明总体规划
房间用途	考虑适合用途的照明	■起居室 ☐团聚 ☐看书 ☐看电视 ☐听音乐 ☐孩子游戏 ☐进餐 ☐开晚会 ☐娱乐 ☐工作 ☐学习 ☐布置 ☐其他 ■起居室兼餐厅 ☐团聚 ☐看书 ☐看电视 ☐听音乐 ☐孩子游戏 ☐进餐 ☐开晚会 ☐娱乐 ☐工作 ☐学习 ☐展示 ☐其他 ■厨房 ☐烹饪 ☐娱乐 ☐工作 ☐进餐 ☐储物 ☐其他 ■卧室 ☐睡眠 ☐看书 ☐娱乐 ☐工作 ☐学习 ☐储物 ☐更衣 ☐装饰 ☐其他 ■日式房间 ☐团聚 ☐看书 ☐看电视 ☐听音乐 ☐孩子游戏 ☐进餐 ☐娱乐 ☐工作 ☐学习 ☐睡眠 ☐储物 ☐装饰 ☐其他 ■其他房间 ☐睡眠 ☐看书 ☐娱乐 ☐工作 ☐学习 ☐储物 ☐更衣 ☐孩子游戏 ☐装饰 ☐看电视 ☐其他 ■淋浴间·卫生间 ☐洗漱 ☐更衣 ☐偏好 ☐其他 ■走廊·楼梯 ☐展示 ☐储物 ☐其他 ■门厅·廊道 ☐展示 ☐储物 ☐停车 ☐存放自行车 ☐其他 ■庭院·平台·阳台 ☐游戏 ☐娱乐 ☐进餐 ☐聚会 ☐休憩 ☐其他
照明偏好	掌握照明偏好	☐最好全部空间都很明亮 ☐最好有的空间亮些、有的空间暗些 ☐最好是白炽灯那样暖色调的光 ☐最好是荧光灯那样冷色调的光 ☐其他
对照明的期待	确认先后顺序	☐无论如何要亮度优先 ☐只要可优先满足功能要求，其他无所谓 ☐在满足功能性要求的同时，最好还能烘托气氛 ☐符合建筑和室内设计风格的照明设计优先考虑 ☐其他
照明上优先考虑的事	确认先后顺序	☐灯具和灯泡的价格 ☐运行成本（节能） ☐外观设计 ☐灯光营造的氛围 ☐使用方便 ☐其他

照明设计要点

构思符合人的活动习惯、逐渐充实照明要素的加法式照明设计

point

6个基本要点

现实生活中，人在住宅里进行多种多样的活动，照明设计要与这些活动相对应。为此，首先须抓住下面的基本要点。

●**所需要的亮度** 因房间用途和时间段的不同，所需要的亮度也各异。应根据人的生活规律确定亮度指标（参照本书70页）。

●**节能** 与白炽灯相比，荧光灯的节能效果要好得多。可是，即使是白炽灯，如果利用调光开关将其调节成所需要的亮度，也同样可使节能性提高。最近，又越来越多地被换成了耗电少、寿命长的 LED 灯（参照本书210页）。

●**氛围** 照明氛围的差异，取决于灯具所发出的光的性质、灯具的配置方式、光的均衡程度及其颜色。只要加深对照明的理解，充分利用光的效果，便可以营造出更理想的氛围。

●**维护** 灯具都有一定的使用寿命。因此，在安装方面要考虑到便于做简单的维护，如灯泡的更换和灯具的清扫之类；并且还应注意安装位置的高度（参照本书72页）。

●**为老龄者考虑** 由于视力减弱，老龄者所需要的亮度应为年轻人的2 ~ 3倍。在提高老龄者房间整体亮度的基础上，再根据情况设置局部照明等（参照本书56页）。

●**安全防范** 室外照明，应选择附带传感器和闪光器的灯具。这样，即使是在室内无人的情况下，时间继电器也能够点亮照明，从而提高住宅的安全防范性能。

加法式照明设计

系指通过仔细模拟人在住宅内各个空间的活动，逐渐增添照明要素的方法所做的照明设计。假如增添的要素过多，则须改变排位顺序，进一步加以整理。总之，最初的设计并不是按照详细规格做出的，设计者可以根据需要再追加诸如落地灯之类的照明器具。

6 个基本要点

1 所需要的亮度

●不同用途和时间段所需要的亮度也各异

2 节能

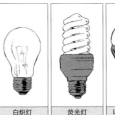

	白炽灯	荧光灯	LED(用于筒灯)
亮度	60W	相当于60W	相当于60W
耗电量	60W	12～13W	6～8W

●节能关系到降低运行成本

3 氛围

●理想的照明氛围，系由光的性质和灯具的配置决定的

4 维护

●将灯具安装在便于更换的高度很重要

5 为老龄者考虑

●所需要的亮度为年轻人的 2～3 倍

6 安全防范

●采用附带传感器和闪光器的照明灯具提高安全防范性

亮度标准

依据JIS照度标准表确定照明标准

point

将照度标准作为指标

对于住宅照明，并无建筑基准法那样的硬性规定，只要生活在里面的人自己觉得舒适就可以。即使独立住宅，也没有法律法规意义上的限制，一般均以 JIS 照度标准表作为指导原则。

设计者可在某种程度上将该表当做标准使用。不过，究竟什么样的亮度最合适，这取决于住宅主人的偏好和习惯，甚至也与室内装饰的空间整体效果有关。譬如，有时即使照度不足，业主仍然很满意；相反，有时照度的数值已经相当高，业主还是抱怨房间里太暗。

亮度也会因室内的颜色和装饰风格而改变。例如，被粉刷成白色亚光的墙壁和顶棚会使灯光显得格外亮；地面的颜色也是一样，鲜艳的就比暗淡的让人感到灯光亮些。此外，多呈米色和茶色的房间，由于墙壁和顶棚的反光较少，因此即使所用灯具的种类和数量相同，也会显得暗一些。在做照明设计时，必须考虑到这些因素。

再有，刚出厂的照明灯具，发出的光最亮，被称为初期照度。这即是产品样本等资料中标注的数据。然而，在 JIS 照度标准中，标出的则是使用一定期间下降后的照度值，通常按低于初期照度 20% ~ 30% 设定。

用加法式照明设计营造效果

如果希望住宅成为招待客人的家或兼作办公场所，同时又是业主本人乐在其中的空间，则应该将重点放在起居室和餐厅等处，利用灯光营造出多种效果。

此种场合与性质单纯的店铺不同，应以较多数量的灯、较多种类的灯具和调光回路作为前提，做加法式的照明设计（参照本书 74 页）。而且，即使同样的房间，也可以利用光的多少、光的扩散程度和光照位置的高低的变化，营造出不同的氛围。

■JIS 照度标准

照度[lx]	起居室	书房儿童室	日式房间坐垫	餐厅厨房	卧室	浴室更衣室	厕所	走廊楼梯	储物间	门厅(内部)	入口(外部)	车库	庭院
2,000													
1,500	手工裁缝												
1,000		学习读书											
750	看书化妆打电话	学习读书			看书化妆								
500	看书化妆打电话			餐桌灶台洗槽	看书化妆					照镜子	清扫检修		
300	家庭团聚娱乐			餐桌灶台洗槽		剃须化妆洗漱					清扫检修		
200	家庭团聚娱乐	游戏	凹间			剃须化妆洗漱 / 洗涤				鞋柜格物架			
150	整体照明	整体照明								整体照明			聚会餐桌
100	整体照明	整体照明		整体照明		整体照明	整体照明			整体照明			聚会餐桌
75	整体照明		整体照明	整体照明			整体照明			邮箱门铃对讲机	整体照明		平台整体照明
50	整体照明		整体照明		整体照明		整体照明	整体照明	整体照明	邮箱门铃对讲机	整体照明		平台整体照明
30				整体照明	整体照明			整体照明					
20				整体照明	整体照明								
10										通道			通道
5										通道			通道
2													
1				夜间			夜间	夜间		安全防范			安全防范

节选自 JIS Z9110-1979

■营造氛围

光的数量	少	多
	●靠近灯光映照处 ●营造出温馨的氛围	●营造出华丽的氛围
光的扩散程度	局部	整体
	●对比强烈，形成戏剧性氛围	●使空间具有整体感和安定感
光照的高低	低	高
	●松弛、安定的氛围	●向上的开放感 ●不寻常的氛围

住宅照明的维护

选择更换灯泡方便的照明灯具

point

选择更换灯泡方便的照明灯具

住宅照明的维护，以更换灯泡的作业量最大。所有照明灯具，均应将灯泡更换方便作为选择的标准之一，并且安装的位置和高度亦应便于维护作业。类似带罩的灯具等，因须定期清扫，故同样要将其安装在手容易够到的地方。不仅灯泡，灯具本身也有寿命。通常的更换周期约为 10 年。

对照明维护的关注点，亦因业主的家庭构成和兴趣爱好而各异。如系以老龄者为主的家庭，要尽量将照明配置在不必爬梯子即可够到的地方。而且，在选择灯具和确定设置方法时，以下两种情形应该分别对待：有的业主不嫌维护麻烦，喜欢 DIY（英文 Do It Yourself 的缩写，意为自己动手做、自助——译注）的作业方式；有的业主却又喜欢那种什么都不用自己干的方式。

寿命长的 LED

最近，LED 越来越受到人们的关注，这其中也有维护方面的原因。LED 的优点之一便是使用寿命长，目前已达到 40000 小时左右。这与白炽灯泡寿命 1000 小时相比，简直是云泥之差。即使与荧光灯 10000 小时的寿命相比，也是其 4 倍。利用这样的长处，可考虑将 LED 用在不易更换灯泡、通常又不配置照明的竖井或楼梯井的顶棚上。不过，因其并非绝对不发生故障，故对更换灯泡是否方便的问题事先亦应有所考虑。

可考虑将 LED 用于主照明

住宅的主照明，基本上都采用白炽灯和荧光灯。不过，由于近年来 LED 质量迅速提高，并且价格逐渐降低，因此也成为住宅主照明的一个选项。此外，还有冷光卤素灯（参照本书 136 页），不仅使用方便，而且渲染的效果也相当好。因此，也不妨向业主介绍其特点，在征得其同意后，考虑将其用于住宅的主照明。

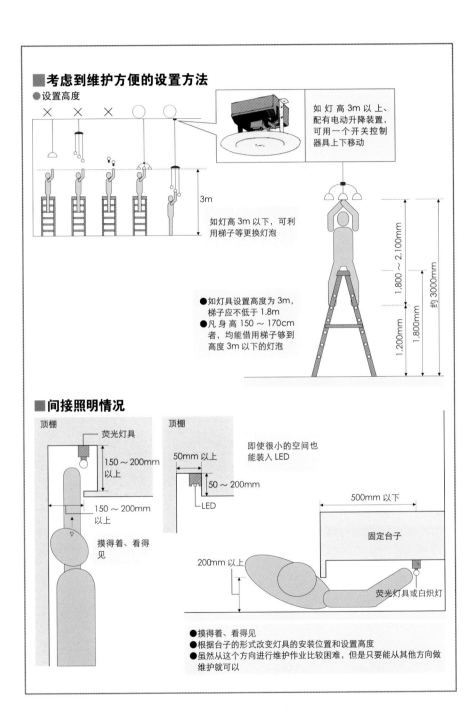

■考虑到维护方便的设置方法

●设置高度

如灯高 3m 以上、配有电动升降装置，可用一个开关控制器具上下移动

3m

如灯高 3m 以下，可利用梯子等更换灯泡

1,800 ~ 2,100mm
1,200mm
1,800mm
约 3000mm

● 如灯具设置高度为 3m，梯子应不低于 1.8m
● 凡身高 150 ~ 170cm 者，均能借用梯子够到高度 3m 以下的灯泡

■间接照明情况

顶棚

荧光灯具

150 ~ 200mm 以上

150 ~ 200mm 以上

摸得着、看得见

顶棚

50mm 以上

50 ~ 200mm

LED

即使很小的空间也能装入 LED

500mm 以下

固定台子

200mm 以上

荧光灯具或白炽灯

● 摸得着、看得见
● 根据台子的形式改变灯具的安装位置和设置高度
● 虽然从这个方向进行维护作业比较困难，但是只要能从其他方向做维护就可以

居住空间照明设计

起居室的照明

逐个区域分配回路，创建多种开灯与关灯的组合形式，并充分发挥调光开关的作用

point

与多种行为和用途对应

在住宅内，起居室是一个多种功能和用途相互交错的空间，虽然照明设计的难度最大，但因此也给表现手法的运用提供了更大的余地。人在起居室内的行为，如坐在沙发上休憩或看书、在地板上趴着、看电视、听音乐、饮茶、小孩游戏、有兴致地交谈、品酒、用晚会形式邀请众人交际、练瑜伽、清扫和洗涤等，在不同家庭里，其表现形式也多种多样。

对于这些行为，在照明设计中要配上多个不同种类的光源（多光源），从而使光源的配置与每个行为、用途和场面逐一对应。灯具也是一样，要按照各自的用途挑选出很多种类。譬如，采用筒灯、万向筒灯、射灯、吊灯、枝形灯、壁灯和台灯落地灯等。至于开关，也并非都是开灯和关灯都用一个。有时须逐个区域分配回路，并且最好能够采用多种开灯与关灯的组合形式。为了便于调节灯的亮度，建议使用调光开关。

加法式的照明配置

类似起居室那样既很宽敞、又有着很多用途的房间，要用与人的行为对应的加法式照明配置来构思照明设计。考虑到随着家庭成员年龄的增长，使用照明的习惯也可能发生变化，因此在固定照明时，应尽可能选择不易改变的场所和加入相对稳定的元素；而在可能改变的场所，可用配置台灯落地灯之类的方法灵活与之对应。另外，如房间狭小，可用灯光照亮顶棚和墙壁，使空间显得大一些。如房间较宽敞，可采用像与家具布置对应那样的方式，将聚集在一起的光分散到各个角落，营造出纵深感和安定感。

起居室的照明，无论从调光、还是从色温和显色性的角度看，都是白炽灯更好些。但是，假如要考虑节能要求，建议不妨多采用白炽灯以外的光源，同样能够构筑出令人满意的光环境。

■加法式的照明配置

❶ 中心位置设筒灯

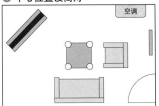

起居室的布置多以
家具为主，将主照
明设在这里效果最
好

+

❷ 设置导轨照明

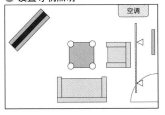

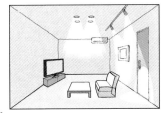

使用的射灯，既可
增减数量，又能调
节移动

+

❸ 在电视机背后设置小台灯

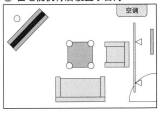

光线柔和的间接照
明

+

❹ 设置落地立灯

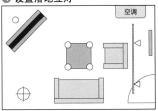

如觉得角落暗，可
设置立灯

●使用不多的固定装置，即可增减照明的数量
●每个灯具集中处均配有回路，并采用调光
开关

居住空间照明设计

起居室的竖井空间

竖井空间可起到这样的作用：通过将光线配置到顶棚和墙壁的上方，在视觉上突显空间的大小

point

竖井空间的照明

用作起居室的房间，其顶棚也有很多并非平平的四方形，而是形状不同的高顶棚，如单坡形、人字形（参照本书 124 页、126 页）和拱形（拱顶）等。而且，往往都有竖井与二层的部分空间相通。

就像由竖井造成的空间高度感会让人豁然开朗一样，通过将光线配置到顶棚和墙壁的上方，亦可在视觉上突显空间的大小。除了使用射灯或用壁灯照明向上方投射灯光等方法，有时亦可使用落地灯。另外，悬挂的吊灯和枝形灯，也会使室内装饰效果得到提升，并且还能够照亮顶棚及全部空间。

关注竖井的亮度和照明维护的问题

竖井空间，多数会成为核心生活区。因此，应该确保桌面和地面具有足够的亮度。在竖井的顶棚上安装筒灯和射灯，因维护作业很不方便，故不是最佳的选择。最近，出现一种组合式 LED 筒灯，发生故障时更换起来很容易，不妨将其作为竖井顶棚照明的选项之一。一般情况下，除了在墙壁上安装射灯外，像吊灯和落地式照明之类也可以充分利用。

注意灯具外观和灯光刺眼的问题

如果竖井与二层空间相通，则应该注意到照明灯具的外观问题。尤其是间接照明，即使从一层看上去外观没问题，但站在二层往下看，整个平面布置一览无余，甚至连电路配线都可能出现在视野中。因此，必须格外注意。

此外还应注意到，凡是灯光向上的照明，因设置场所导致的不快心情越明显，灯光就让人觉得越发刺眼。

■ 起居室竖井的照明

● 悬挂吊灯和枝形灯

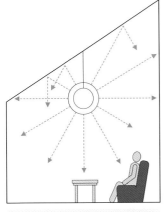

照亮整个空间。顶棚面和墙壁上部也具有一定亮度

● 采用间接照明照亮顶棚面

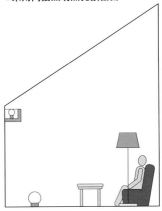

为了照亮地面和桌面，可另设立灯等

● 用托架照明照亮顶棚和墙壁上部

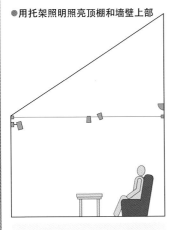

靠近墙壁处，可用安装在墙上的射灯照明。对着竖井中央部分的地面，可采用拉线照明、吊灯和立灯等

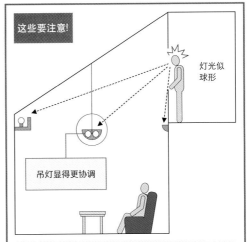

这些要注意！

灯光似球形

吊灯显得更协调

从二层俯视时，应注意是否有灯具露出来，并确认灯光是否刺眼和外观效果是否变差。尤其是间接照明，应注意的是，一旦露出灯泡，会显得很难看

餐厅的照明

餐桌的位置、尺寸及其与照明的平衡很重要

point

让人的面容和食物都显得好看些

用于进餐的空间照明，除了要让食物和饮品看上去很美味之外，还有一个重要作用是将围坐在桌前的人的面容映照得好看些。应该说，白炽灯最适于作此用途。

有时，餐桌也作读书学习之用。类似的场面还有家庭成员的团聚等，这种场合最常见的照明方法是将吊灯悬挂在餐桌上方。

充分利用调光开关

为了使餐桌照明的灯光，不仅照亮聚会的场面，而且还能营造出亲密的氛围，建议尽量采用调光开关。根据餐桌的大小，确定在其上方悬挂1～3盏吊灯；也可以充分利用筒灯和射灯，让灯光从顶棚上照亮餐桌。

在房间不是很大的情况下，悬挂吊灯可能会让人产生压迫感，使房间显得越发逼仄。这时，最好选择筒灯和射灯，可以让房间看上去宽敞些。假如餐厅不太大，灯光只将餐桌照亮就足够了。

还要考虑灯具与餐桌的相对位置关系

对于餐厅照明来说，灯具与餐桌的相对位置关系很重要。在建筑设计阶段，便应在一定程度上预想到餐桌摆放的位置。而且，还要注意到桌子与灯罩的大小是否相称以及吊灯与桌面之间的距离等问题。

另外，由于在多数情况下，餐厅作为空间都与起居室和厨房连成一体或者成半连续状态，因此要设法不受其他空间灯光的干扰。总之，应该尽量保持空间整体上的统一感和平衡感。

■照明与餐桌的相对位置关系

● 一般可坐 4 人的餐桌

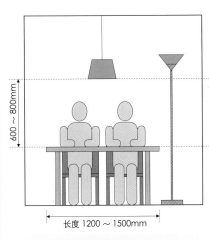

餐桌上方悬挂吊灯。坐着时可看清彼此面孔的高度为 600 ～ 800mm。如果高度模棱两可，灯光也让人觉得捉摸不定

● 摆放大餐桌时

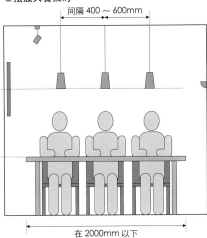

照明灯具的数量，取决于餐桌的大小和所选灯具的尺寸。可混合使用射灯、托架照明和立式灯等。为使房间看上去更明亮，亦可将立灯与吊灯搭配在一起

● 顶棚低、房间小的场合

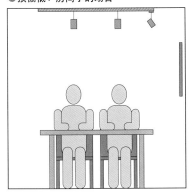

因吊灯可能让人产生压迫感，故可使用射灯和筒灯

● 餐桌位置不固定的场合

因吊灯的固定位置要随着餐桌位置移动，故应采用配线管滑动型射灯

厔房的照明

采用整体照明和作业灯，以确保足够的亮度和易于
分辨颜色

point

灯光充分满足操作的需要

厔房是住宅中作业最多的空间，要有充足的亮度，光线易于分辨出食材和餐具的外表颜色（显色性）。

为了能够看清房间各个角落、包括橱柜中的物体，要将整体照明设在顶棚及其周围处。照明灯具通常采用筒灯，整体照明使用荧光灯。另外，为了不让阴影出现在洗槽、炉灶和操作台上，均应分别设置作业灯（厔卫灯），灯具采用筒灯和荧光灯。假如整体照明和身边操作灯明亮的光线直接映入视野，所产生的眩光可能使人不快，因此一定要避免。

起居室和餐厅的统一感

厔房与起居室和餐厅等这类安定松弛的空间相通、甚至形成一体的情形并不少见，而且这些空间在装饰设计上也多半体现出统一的风格。有鉴于此，厔房照明的光源和色温也要在某种程度上与起居室及餐厅保持一致。假如起居室和餐厅的灯光是暖白色，厔房灯光也应该采用暖白色，唯有如此才能凸显出空间的一体感。

如果是开放式厔房，因厔房周围的照明也起到烘托空间氛围的作用，故不能只停留在满足功能性要求上，应该通过设计展现出灯光的魅力。假如从起居室和餐厅能够看到安装在厔房里的照明灯具，还要注意到灯具本体的外观。

在厔房与餐厅之间设有开放式吧台的情况下，为了照亮台面，应尽可能将筒灯设在吧台上方。

此外，厔房与餐厅的照明控制开关应分别设置。

■厨房照明配置例

● 基本配置

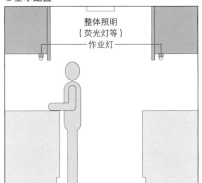

整体照明
（荧光灯等）

作业灯

基本上是将整体照明配置在厨房中央的顶棚处，身边再配置作业灯

● 开放式厨房的场合

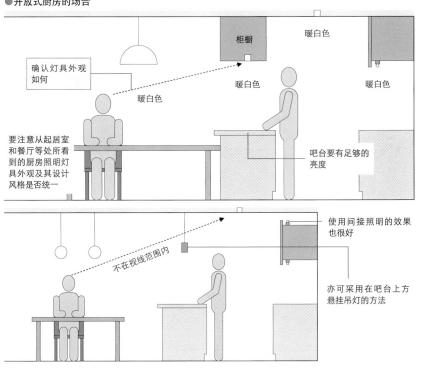

确认灯具外观如何

暖白色

柜橱

暖白色

暖白色

暖白色

要注意从起居室和餐厅等处所看到的厨房照明灯具外观及其设计风格是否统一

吧台要有足够的亮度

不在视线范围内

使用间接照明的效果也很好

亦可采用在吧台上方悬挂吊灯的方法

卧室的照明

注意不要让刺眼的灯光直接射入眼睛

point

要考虑到入睡和醒来都觉得安适

因为是用来躺在床上休息的房间，所以卧室的照明要营造出可让人放松的氛围。在照明灯具的设置上应该考虑到，无论躺在被褥中入睡、还是醒来后坐在床上，都不会有强烈的灯光直射入眼睛。

另外，早晨起床时，为了能够在天色尚暗的情况下也能很快清醒，室内的灯光要足够亮。尤其是在很难指望从窗户直接射入外光的情况下，更要设法确保灯光的亮度。

要做到可调光

因为对于卧室来说能够让人放松显得很重要，所以最好全部照明都采用可调光的灯具。整体照明不仅可使用筒灯和吸顶灯，也可以使用壁挂式托架照明之类的间接照明。另外也不

妨这样做：不在顶棚和墙壁上安装固定的照明器具，而只用多盏落地灯作为照明。

为了方便半夜起来上厕所，应设置那种只照亮地面的脚灯，以避免像其他灯具那样突然发出耀眼的强光。LED灯的耗电量小，亮度又不太高，很适合用作脚灯，也可以作为常夜灯使用。

将开关设在触手可及的位置

为了方便睡前看看书什么的，在卧室的床边往往摆放着闹表之类的小物件。因此，除了安装在顶棚等处的整体照明外，再给床边配置上照明会显得更方便些。

用于床边照明的台灯等，其开关应设在触手可及的位置。为了能够在床上控制房间的所有照明，除入口门侧的开关外，最好另装3路的床边开关。

■卧室照明配置例

差例　躺着时，灯光之类强烈光线映入眼帘，因晃眼而妨碍睡眠

好例　灯光不映入眼帘。可在床上控制灯光

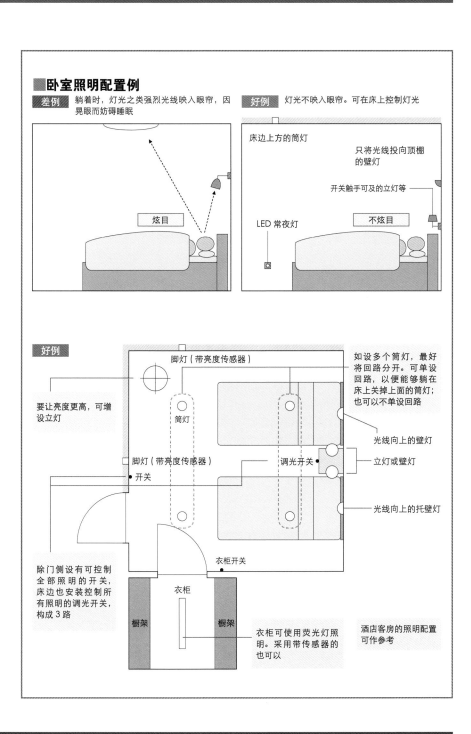

床边上方的筒灯

只将光线投向顶棚的壁灯

开关触手可及的立灯等

LED 常夜灯

炫目

不炫目

好例

脚灯（带亮度传感器）

要让亮度更高，可增设立灯

筒灯

脚灯（带亮度传感器）

开关

调光开关

如设多个筒灯，最好将回路分开。可单设回路，以便能够躺在床上关掉上面的筒灯；也可以不单设回路

光线向上的壁灯

立灯或壁灯

光线向上的托壁灯

除门侧设有可控制全部照明的开关，床边也安装控制所有照明的调光开关，构成 3 路

衣柜开关

衣柜

橱架　　橱架

衣柜可使用荧光灯照明。采用带传感器的也可以

酒店客房的照明配置可作参考

83

日式房间的照明

不局限于贴着日本纸的灯具，使用筒灯和射灯也能烘托出日本风格

point

确认房间的地位

日式房间有多种用途，如将起居室的角落设为家庭聚会的空间、作为独立的客厅或主要供老年人使用等。有鉴于此，日式房间的照明设计理念，亦因其在使用中所处的地位而不同。

位于西式起居室一角的日式房间，被看作家庭生活的核心空间，其照明设计应与起居室相同，并要与西式起居室形成一体感。

不局限于贴日本纸

日式房间多安装那种内有荧光灯泡、外贴日本纸的吊灯和吸顶灯。不过，也有另外一种方法，以大量与照明适配的材料来装饰日式房间，并利用筒灯和射灯营造氛围。要想映衬出天花板美丽的木纹，就不能让筒灯和射灯将顶棚照得太亮，也可以再配上较低的立式灯等。凹间处使用白炽灯或暖色荧光灯的间接照明，柔和的光线自上而下层次分明。如在地板上摆放着花盆之类的器物，可在背后的墙面上安装内置窄光角的冷光卤素灯的射灯，灯光只投射在花盆上。通过这样的渲染，便可以突出凹间原有的画廊性质。

供老年人使用时

假如日式房间主要用于老年人的日常生活，要考虑到老年人视力普遍衰退的现实情况，设置的主照明应该使房间整体上更加明亮。还有一点要注意，由于日式房间的顶棚和墙壁多数都不是白色，而是茶色和米色，因此如果按照白色房间的标准设置照明，因反射效率的关系，怎么看也会觉得光线很暗。

■日式房间配置例

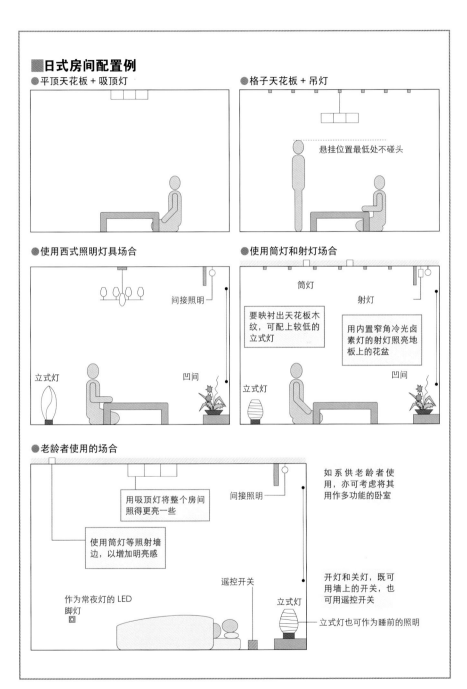

●平顶天花板 + 吸顶灯

●格子天花板 + 吊灯

悬挂位置最低处不碰头

●使用西式照明灯具场合

间接照明

立式灯

凹间

●使用筒灯和射灯场合

筒灯

射灯

要映衬出天花板木纹，可配上较低的立式灯

用内置窄角冷光卤素灯的射灯照亮地板上的花盆

立式灯

凹间

●老龄者使用的场合

用吸顶灯将整个房间照得更亮一些

间接照明

使用筒灯等照射墙边，以增加明亮感

如系供老龄者使用，亦可考虑将其用作多功能的卧室

遥控开关

作为常夜灯的 LED 脚灯

立式灯

开灯和关灯，既可用墙上的开关，也可用遥控开关

立式灯也可作为睡前的照明

居住空间照明设计

书房、儿童室和储藏室的照明

儿童室的灯光应该毫无遗漏地将整个房间照亮，储藏室和衣柜等的亮度则要达到可看清收藏物的程度

point

书房的照明

书房的一般照明设置在顶棚上，如需用写字台办公，还应在写字台上放台灯。写字台照明不仅可以使用台灯，如写字台位于顶棚下方，亦可采用以荧光灯作为顶灯的照明方式。

在配置书房照明时要注意，控制灯光的开关要触手可及，写字台面有足够的亮度，而且灯光不会晃眼。另外，如使用电脑，整体照明和写字台照明的光源可能会反射到屏幕上，使屏幕上的影像难以看清（反射眩光）。因此，应该注意灯具的形式与安装位置的关系。

儿童室的照明

小孩会在屋子里的各个角落，做出各种各样与成人不同的意外动作，因此儿童室的主照明应使用筒灯和吸顶灯将整个房间毫无遗漏地照亮，并且还要设置台灯，以供读书和学习之用。

至于光源的种类，无论荧光灯还是白炽灯都无所谓。如用白色光，会烘托出活跃的气氛；暖白色则会营造出安定的氛围。这些可根据个人的偏好选择。

储藏室和衣柜的照明

储藏室和衣柜的照明，关键是要能清晰地分辨出里面储存的物件。为此，灯光要有足够的亮度，以便看清格架上的东西，可将白色的荧光灯作为首选。在这样的灯光下，很容易区分衣服的颜色是黑还是紫。

照明基本上配置在房间中央部，并根据房间大小确定照明灯具的数量。虽然也可以使用装荧光灯泡的筒灯，但是如果这样做，便应选择配光（光的扩散）范围广的类型。假设采用像抽屉那样嵌入格架内部的方式，则可将荧光灯分别安装在每个格架空间里。如果带人感传感器，还能够避免忘记关灯。

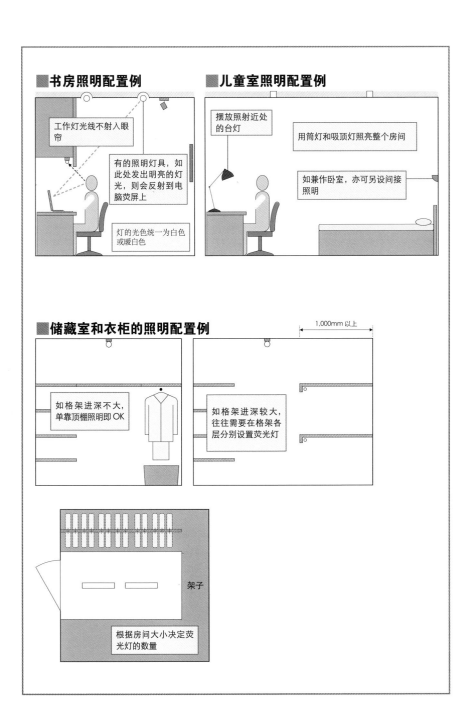

■ 书房照明配置例

工作灯光线不射入眼帘

有的照明灯具，如此处发出明亮的灯光，则会反射到电脑荧屏上

灯的光色统一为白色或暖白色

■ 儿童室照明配置例

摆放照射近处的台灯

用筒灯和吸顶灯照亮整个房间

如兼作卧室，亦可另设间接照明

■ 储藏室和衣柜的照明配置例

如格架进深不大，单靠顶棚照明即 OK

1,000mm 以上

如格架进深较大，往往需要在格架各层分别设置荧光灯

架子

根据房间大小决定荧光灯的数量

厕所、浴室和洗漱间的照明

由于厕所照明要随着人的每次进出开启和关闭，因此选用白炽灯和LED灯比较合适。洗漱间照明，则应选择显色性好的灯具

point

厕所和浴室的照明

由于厕所照明要随着人的每次进出开启和关闭，因此选用白炽灯和LED灯比较合适。要避免忘记关灯，安装传感器也是有效的方法。照明可使用筒灯、微型吸顶灯和壁灯等。通常，1台就足够了。

将照明安装在房间中心位置，以使整个房间都被照亮。如房间内设有洗手盆，在其上方另装卤灯泡的筒灯，照明效果会得到进一步提高。

浴室的照明要使房间整体上显得明亮和清洁。使用的灯具，其防水性必须达到防潮标准以上。一般多采用筒灯、吸顶灯和托架照明。如浴室内挂着镜子，为方便剃须，要设法让镜子周围更亮些。

其实，浴室里也可以设置间接照明或调光开关，用以营造出温馨的空间氛围。

洗漱间的照明

洗漱间的照明，要以洗漱台和镜子作为重点。洗漱间每天都会用于梳妆打扮，为了让镜子照出好看的脸色，并且没有明显的阴影，可以在镜子上方或左右两侧设置壁灯。灯具，则应该配置那种显色性好的光源类型。假如房间不是很大，仅靠上面的照明就能够得到足够的亮度。

如果能够在洗漱台脸盆的正上方安装卤灯泡的筒灯、射灯或者性能相同的LED筒灯，将洗脸盆照亮，还隐约有光亮从下面反射上来，便更具豪华感。由于洗漱间里大都设置洗衣机，因此最好在洗槽处也安装照明。此时，假如空间不是很大，可将设在顶棚上的筒灯作为主照明。

■厕所照明配置例

将筒灯和吸顶灯设在房间中央或坐便器前端的上方。照射面积稍大些

内置卤素灯的筒灯

手盆正上方设狭角配光的卤灯，营造出豪华的氛围。如厕所空间较大，亦可使用间接照明

■浴室照明配置例

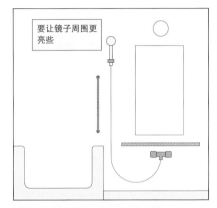

要让镜子周围更亮些

采用防水性达到防潮标准以上的照明灯具

■洗漱间照明配置例

利用镜子左右的壁灯和上面的间接照明，使镜子里映出的脸色更自然，并且没有明显的阴影

将间接照明设在镜子背面

筒灯位于通道中心线上方

亦可在脸盆上方安装卤素灯的筒灯

主照明使用筒灯

镜子左右的壁灯

洗衣机

走廊和楼梯的照明

为上下阶梯移动方便着想，要重视光源的显露和安装位置问题

point

走廊的照明

走廊照明的设计，要将重点放在开关的位置和传感器的利用上，从节能方面考虑，防止忘记关灯的现象发生。因走廊比较狭窄，故所需照明不多。在走廊很长的情况下，应在其两端安装可分别控制的3路开关；也可以安装人感传感器，只有当人在时灯才会打开。

如走廊里摆放着书架或设有办公点，可根据需要再另加照明。这些照明最好都单独设有开关，这样用起来更方便。当设置托架照明时，要考虑到走廊的宽度，尽量选择那种突出部分较小的壁灯，并将安装位置提高些，以免被人碰到。另外，夜间厕所等处的照明，可单设LED之类光线较暗的脚灯。

楼梯的照明

楼梯照明要有足够的亮度，以便于看清上下的台阶。上下楼梯时，由于人视线高度的变化，光源显露的位置关系也随之改变。当光源位于视野附近时，因灯光耀眼而无法看清脚下，很容易发生踏空跌倒的事故。有鉴于此，必须十分重视光源的显露和安装位置问题。

还要注意的是，更换灯泡之类的维护作业，楼梯也比居室难度大。据此，使用寿命长的LED灯便有了明显的优势。虽然安装托架照明的位置低一些，会使维护更方便；不过，务必确认这样做不致使灯光晃眼，或妨碍人从狭窄的楼梯中通过。另外，假如在楼梯间的顶棚上悬挂吊灯，也要确认人在上下楼时灯光是否晃眼。在竖井处，最好不设置吊灯。

为便于夜间通行，楼梯也应该像走廊一样另设LED脚灯。如特别看重灯光所营造的氛围，不妨将脚灯当作楼梯照明中的主角。

■走廊照明配置例

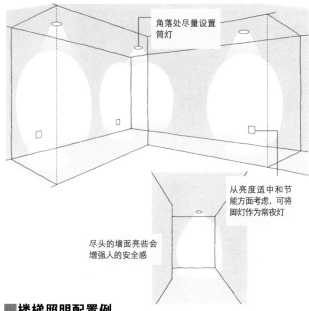

角落处尽量设置筒灯

从亮度适中和节能方面考虑，可将脚灯作为常夜灯

尽头的墙面亮些会增强人的安全感

如走廊较狭窄，可选择那种突出部分不大的壁灯，安装位置稍高些

■楼梯照明配置例

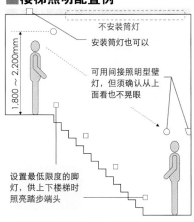

1,800～2,200mm

不安装筒灯
安装筒灯也可以

可用间接照明型壁灯，但须确认从上面看也不晃眼

设置最低限度的脚灯，供上下楼梯时照亮踏步端头

将壁灯安装在便于维护的位置，选择突出部小的灯具

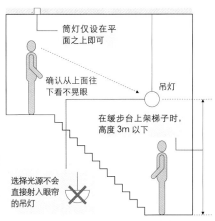

筒灯仅设在平面之上即可

确认从上面往下看不晃眼

吊灯

在缓步台上架梯子时，高度 3m 以下

选择光源不会直接射入眼帘的吊灯

如带电动升降装置，安装吊灯和顶灯的自由度会更大

门厅和引道的照明

门厅的照明应设在有助于辨认人的面孔的位置。引道的照明要选择达到防雨标准以上的防潮型灯具

point

门厅的照明

　　门厅是个可让主人回家时立刻放松下来的场所，也是迎送客人的地方。因此，照明要有一定的亮度。在开门进来的客人和出去迎接的主人相互能够辨认对方的位置，安装筒灯、吸顶灯或壁灯之类的照明灯具。

　　如果进入门厅后，往里去迎面有一堵墙，并且墙面又较暗的话，那么即使门厅再亮，也会给来访者一种阴沉沉的印象。像这样格局的房子，应该将迎面的墙壁照亮，使空间看上去开阔些，一进门就觉得很惬意。

　　至于照明灯具，无论使用荧光灯还是白炽灯都可以。不过，暖白色的灯光则让人感到更温馨。另外，门厅照明的开关要尽量设在门侧，以便于回家时顺手将灯打开。假如能够在室内一侧另设开关，成为3路开关，那就更方便了。

引道的照明

　　引道是给来访者留下第一印象的场所。作为照明，可在门侧安装壁灯和射灯，或者在檐下安装筒灯或吸顶灯等，务必选择防潮型的，或性能达到防雨标准以上的灯具。根据室内的装饰情况以及面积的大小，亦可利用较低的柱灯和嵌入地面下的埋地灯照明营造出更佳的效果。

　　如果在门旁只设1台壁灯或射灯，应安装在门扇开阖一侧。因为照明若安装在铰链一侧，门打开时来访者将处于暗处。此点亦请注意。此外，从安全防范和节能方面考虑，还可以利用人感传感器、亮度传感器和时间继电器等对照明进行控制和调节。如有大门，则应通盘考虑到院内的整体情况，根据防范和安全通行的需要，设置必要的照明。

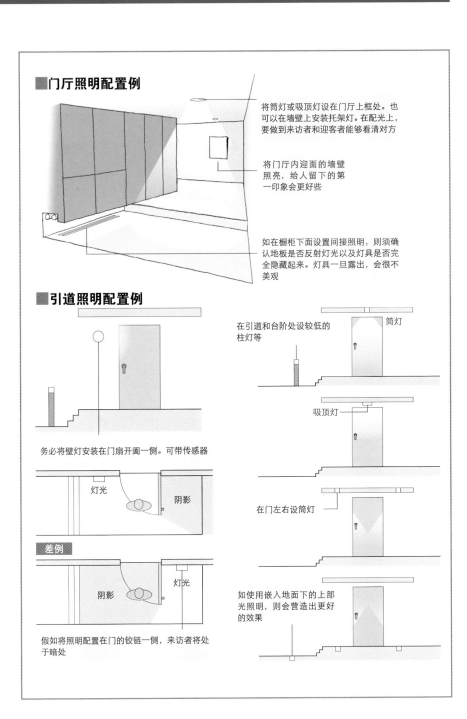

■门厅照明配置例

将筒灯或吸顶灯设在门厅上框处。也可以在墙壁上安装托架灯。在配光上，要做到来访者和迎客者能够看清对方

将门厅内迎面的墙壁照亮，给人留下的第一印象会更好些

如在橱柜下面设置间接照明，则须确认地板是否反射灯光以及灯具是否完全隐藏起来。灯具一旦露出，会很不美观

■引道照明配置例

务必将壁灯安装在门扇开阖一侧。可带传感器

灯光

阴影

差例

阴影

灯光

假如将照明配置在门的铰链一侧，来访者将处于暗处

在引道和台阶处设较低的柱灯等

筒灯

吸顶灯

在门左右设筒灯

如使用嵌入地面下的上部光照明，则会营造出更好的效果

庭院、平台和阳台的照明

配线埋入地下，可在室内控制户外照明

point

用于户外的照明

庭院、平台和阳台等户外的照明主要有以下几种：从地面向上照射绿化树木、将灯光投射到栅栏或围墙上加强纵深感、照亮地面便于行走和凸显院落的宽敞。通过这样的精心布置，户外空间的任何角落都会让人感到十分惬意。重要的是，比起集中照亮一处来，不如使用多台小型灯。如此，则可让纵深感和宽敞度更加突出。

应选择防雨型或防水型的照明灯具，利用传感器和时间继电器控制灯的开关，如将安全防范作为重点，则可使用人感传感器。除采用节能效果好的荧光灯外，亦要尽量多用LED之类作为光源。配置照明时，要注意灯光照射的方向，亮度不宜过高，以免因灯光晃眼而引起周围邻居和行人的不快。

构成室内与室外的连续性

从室内能够看到的庭院和平台，通过做适当的照明配置，即使在夜间也可构成与室内的连续性，使生活空间变得更加丰富多彩。

对于室内外的连续性来说，首要的是应注意照明亮度的均衡。可通过完全打开玻璃窗来构成室内外连续性的日子，一年到头也没有多少。因此，在大多数日子里，室内外仍处在被玻璃窗隔开的状态。这时，假如室内比室外亮，玻璃窗就成了一面镜子，在室内灯光的反射下，视野便被遮蔽起来，无法看清室外的景物。要想感受到外面广阔的空间，必须用调光开关调暗灯光，让室内的亮度稍稍低于室外，形成亮度的均衡状态（参照本书132页）。

还有一个有效的方法，则是在靠窗的室外地面形成一个光池。此外，如晒台和阳台不太宽敞，亦可用灯光将栏杆下部、绿化容器和花园中的摆设等照亮。

■庭院、平台和阳台的照明配置例

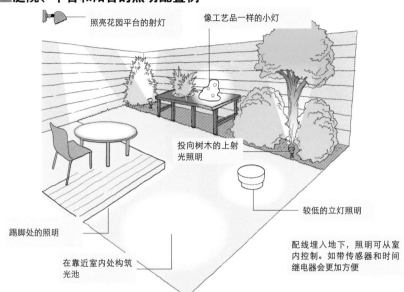

照亮花园平台的射灯

像工艺品一样的小灯

投向树木的上射光照明

较低的立灯照明

踢脚处的照明

配线埋入地下，照明可从室内控制。如带传感器和时间继电器会更加方便

在靠近室内处构筑光池

■户外照明的种类

配置在庭院等处的户外用照明灯具，防水性能方面的要求与室内用灯具不同，应选择专用产品

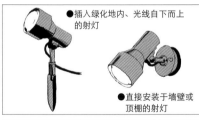

●插入绿化地内、光线自下而上的射灯

●直接安装于墙壁或顶棚的射灯

●灯具嵌入地下，灯光自下而上照射

●较低的柱形灯。能够向墙壁、花草树木和地面投射出柔和的光线。可附带亮度传感器和时间继电器

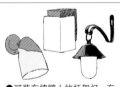

●可装在墙壁上的托架灯。有多种外观造型

太阳能电池板

●较低的柱形照明 (LED)。光线较弱

插入土中。无须电源

门厅的照明

照亮里面的墙壁，让人感到放心，而且氛围更温馨。能够看清台阶，以免被绊倒

脚下的间接照明

利用橱柜下的空隙设置间接照明时，对光线的扩散状态和地面的材质等要格外注意。抛光的地面会反射光线，看上去很不自然

卧室的照明

无须将整个房间处处照亮，只在床两边配置台灯提供必要的照明。如顶棚安装照明，要选在靠近床脚上方、但在仰卧于床上时又不被灯光晃眼的位置

方便夜间行走的照明

方便夜间行走的小型脚灯，要求光线不太亮、不会影响睡眠

日式房间的照明

与起居室和餐厅一样，照明应设在摆放家具的位置以及要营造氛围的重点处。该例因系日本料理店，故以其中央将摆放餐桌为设计前提，灯光重点照亮房间的中央。凹间之类的展示空间，使用间接照明等来渲染氛围

照片〈1～5〉出处：大光電機 〈6·7〉实例·出处：ホテル ニューオータニ熊本

起居室和餐厅的照明

基本上按家具摆放状况配置多台必要的照明。组合使用悬挂于顶棚的照明和立式灯等，选择灯具时从功能性和空间的视觉舒适感等两方面考虑。利用设在房间角落的照明，凸显出空间的纵深感和墙面质感

通过床边照明和悬挂于顶棚的照明，凸显出空间的高度，并且看上去更宽敞

洗漱间的照明

洗漱台挂镜周围安装的壁灯可使镜中的影像更清晰。如果再配之以射灯，则会显得更华丽

照片　〈8・9〉建筑主：ひまわり、出处：著者　〈10・11〉出处：大光電機

4

照明灯具配置
和灯光效果

整体照明和局部照明

整体照明、局部照明和局部整体照明，系根据照明灯具配置方式所做的分类

point

关于整体照明

所谓整体照明，系指整个对象空间的光线近于均衡状态的照明方式。亦称基础照明。在写字楼、学校和大型商业设施等以工作和行动方便为主的空间内，要求房间的每个角落都有一样的光照。因此，类似这些地方的照明设计多半都采用整体照明方式。另外，在小型店铺等处，因灯光主要用于营造氛围和照亮商品，故可以不将整体照明方式列入照明设计的选项。

住宅也是如此。诸如起居室、餐厅和厨房之类的空间，虽然可采用整体照明方式；但是，照明灯具的设置亦要符合业主的工作和活动习惯。因而，整体照明也并非不可或缺。

关于局部照明

所谓局部照明，系指根据作业需要和使用目的，让灯光照亮一个比较小的范围及其周边很小区域的照明方式。该方式多用于局部需要较高照度的场合，使用的照明灯具有台灯、阅读灯、射灯、聚光型吊灯和厨房作业灯等。而且，局部照明不仅用于作业，类似照亮墙上绘画的灯光，也是局部照明的一种。

关于局部整体照明

所谓局部整体照明，系指这样一种方式：在以局部照明方式高效地照亮写字台面和厨房料理台等作业场所的同时，还将其余场所作为一个整体，提供照度较低的照明。

作为局部整体照明的典型方式，有任务环境照明。这意味着任务的照明使用作业照明灯，其周围另设照亮环境的照明。局部整体照明方式，多用于写字楼和图书馆的阅览室，是一种有效的节能手段。不过，一旦要改变写字台的摆放位置，原有的任务照明方式要做相应的调整也很困难。要变更照明布局，还是台灯更具灵活性。

■照明方式的分类

●写字楼等场合

整体照明

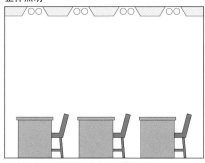

●整个对象空间的照明光线近于均衡状态

局部照明

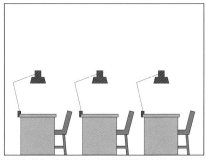

●灯光照亮一个狭小的范围及其周边极小的区域

局部整体照明 (任务环境照明)

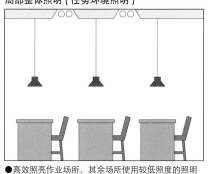

●高效照亮作业场所，其余场所使用较低照度的照明
●左图不适宜做布局变更。右图通过组合使用台灯，便于调整照明布局

●筒灯的场合

整体照明

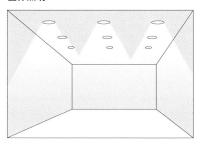

局部照明

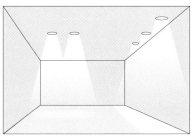

投光照明和建筑化照明

类似展示照明那样用于营造氛围的投光照明。照明灯具被藏在建筑物和室内装饰中的建筑化照明

point

关于投光照明

照明方式除整体照明和局部照明那样的类型外，还可分为投光照明和建筑化照明。

投光照明原本是用于棒球场和体育场的一种户外照明方式，但如今也被应用在各种各样的室内空间中。投光照明不仅因使用投射灯和筒灯而具有展示功能，而且可说是一种在营造氛围方面被广泛采用的照明方式。投光照明，最好使用不太显眼的灯具。并且，投光照明也可用来以射灯照亮顶棚、利用反射光的间接照明方法。

关于建筑化照明

所谓建筑化照明，系指这样一种照明方式：照明灯具与顶棚和墙壁结合在一起，用藏在建筑物和室内装饰中的灯具照亮顶棚、墙壁和地面。大部分间接照明都可视为建筑化照明，

其典型的手法有凹槽照明、檐口照明、均衡照明、发光顶棚、发光墙和发光地面等（参看本书104～113页内容）。

建筑化照明的关键之处在于，只能看到照亮顶棚和墙壁的灯光，隐藏的灯具又不会损坏建筑物和室内装饰。因此，既然称之为建筑化照明，如果灯具从某个角度和位置可以看到，或因顶棚和地面的反射影像使其透过装饰材料显现出来，类似这样将照明装置暴露的状态，都不是令人满意的结果。

从建筑及室内与照明之间的关系考虑，一间屋子里设置多种照明灯具看上去会很杂乱。假如在得到充足亮度的同时，仍要维持一个清爽的空间，除了尽量有规律地配置照明灯具之外，采用不让照明灯具外露的建筑化照明也是有效的手段。因此，建筑化照明尤其与那些前卫和时尚的标志性建筑及其室内空间更为相配。

■投光照明

●使用射灯和筒灯的展示照明等，被广泛用于营造氛围

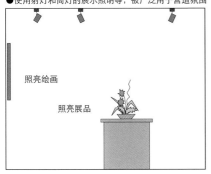

照亮绘画

照亮展品

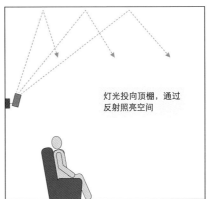

灯光投向顶棚，通过反射照亮空间

■建筑化照明

●照明灯具被组装在顶棚和墙壁内，使其不外露，建筑和室内装饰的设计特点被充分利用

●凹槽照明

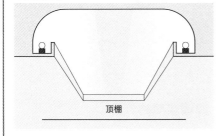

顶棚

●檐口照明

墙壁

●均衡照明

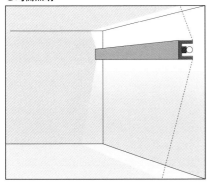

●光顶棚

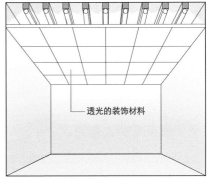

透光的装饰材料

凹槽照明

投向顶棚的灯光经反射照亮空间的同时，还凸显出
上方空间的宽敞感

point

关于凹槽照明

凹槽照明是建筑化照明的典型方式。灯光照亮顶棚，再由其反射光照亮空间；与此同时，又将视线引向顶棚面，凸显出上方空间的宽敞感。

设计时，要在照明灯具的配置上注意到光的扩散状态，并保持光的连续性。要做到这一点，相邻灯具之间不留空隙很重要；否则将会出现阴影。为了避免发生这种现象，可以将灯具倾斜配置，以使荧光灯的发光部相互重叠。如果采用从灯具一端到另一端发光的无缝连接荧光灯（参照本书108页），进行平接安装，则发出的光便是连续的。此外，凹槽照明的光扩散状态，亦因安放灯具的空间尺寸大小和距离顶棚的远近而不同。

最适于顶棚高的大房间

凹槽照明用在面积稍大、形状细长或顶棚较高的房间效果最好，可凸显出这些房间内部的尺度感。如房间的顶棚低矮和面积狭小，人的视线首先接触到的可能不是顶棚，而是墙壁。因此，凹槽照明也就失去了意义，反倒给人以画蛇添足的印象。

假如设计上要采用凹槽照明方式，务必下决心不在顶棚被照亮的范围内设置任何东西。只有这样，才能凸显出顶棚面的美感。

凹槽照明的灯具

可用于凹槽照明的灯具多种多样。多数情况下，都使用连续设置的白炽灯或者调光型荧光灯。不过，近来LED灯因具有体积小和寿命长的优点，也正在得到广泛应用。

由于调光具宽泛的适应性，因此最好使用能调光的灯具。如使用不调光的灯具，则要注意收容灯具的空间尺寸，靠近光源处不要太亮，光的亮度差也不应过于明显。

■凹槽照明的灯具配置

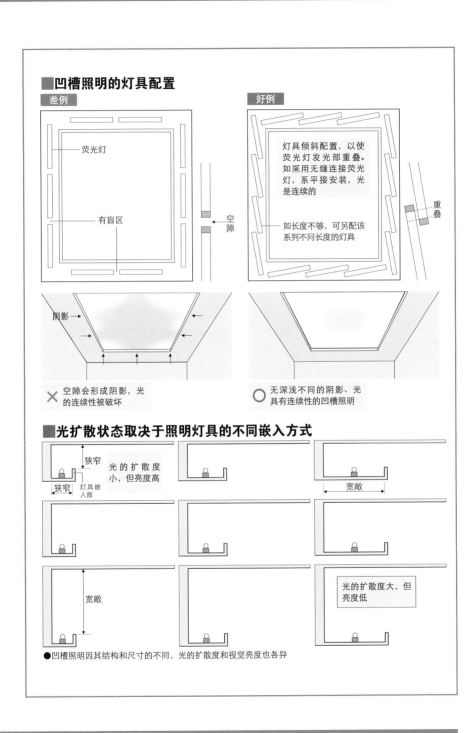

差例

荧光灯

有盲区

空隙

好例

灯具倾斜配置，以使荧光灯发光部重叠。如采用无缝连接荧光灯，系平接安装，光是连续的

如长度不够，可另配该系列不同长度的灯具

重叠

阴影→

✕ 空隙会形成阴影，光的连续性被破坏

○ 无深浅不同的阴影、光具有连续性的凹槽照明

■光扩散状态取决于照明灯具的不同嵌入方式

狭窄

光的扩散度小，但亮度高

狭窄　灯具嵌入部

宽敞

宽敞

光的扩散度大，但亮度低

●凹槽照明因其结构和尺寸的不同，光的扩散度和视觉亮度也各异

檐口照明

灯光先照亮墙面，再以其反射光照亮空间，并强调
水平方向的空间宽敞度

point

关于檐口照明

檐口照明与凹槽照明一样，都是建筑化照明的典型方式。先用灯光照亮墙壁，空间则依靠其反射光获得亮度；与此同时，将视线引向墙面，突出视觉上的亮度感及水平方向的空间开敞感。

采用装饰性手法，将照明灯具隐蔽地安装在墙面与顶棚面的连接处。关键就是，即使人靠近照亮的墙边，也看不到灯具在哪里。

檐口照明的灯光扩散方式所产生的效果，亦因光源与墙面的距离以及容纳光源的空间大小而不同。既有用直接光投射到远处的设置方法，也有将灯具完全隐蔽起来、光线并不向外延伸的间接照明中心配置方式。特别在直接光的场合，截止线会使光的层次中断，墙壁与地面现出明暗的界线，反倒将光源完全暴露出来。因此，应

该反复斟酌细部尺寸，以获得最理想的照明效果。

突出材料特点

比起采用光滑平整的常见材料来，如果使用那种凹凸不平、表面粗糙的材料装饰被檐口照明照亮的墙面，则更能突出其质感，而且给人的印象也更深刻。

还有一种手法是，通过安装在窗帘盒内的檐口照明照亮窗帘。这种场合，宜选用荧光灯和LED等不会产生高温的光源，以免因光源发热点燃布质的窗帘或使其加速老化。

还想提醒读者注意，不要在被照亮的墙面上安装可能破坏视觉效果的多余装置。由于檐口照明所照亮的垂直面，在肉眼看来显得最为自然，因此应该在设置场所和安装方式上进行仔细探讨，以期获得更佳的照明效果。

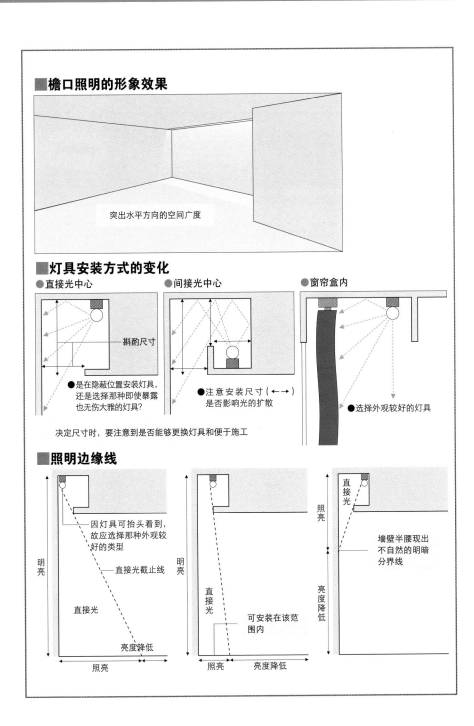

■檐口照明的形象效果

突出水平方向的空间广度

■灯具安装方式的变化

●直接光中心

斟酌尺寸

●是在隐蔽位置安装灯具,还是选择那种即使暴露也无伤大雅的灯具?

●间接光中心

●注意安装尺寸(← →)是否影响光的扩散

●窗帘盒内

●选择外观较好的灯具

决定尺寸时,要注意到是否能够更换灯具和便于施工

■照明边缘线

因灯具可抬头看到,故应选择那种外观较好的类型

直接光截止线

明亮

直接光

亮度降低

照亮

明亮

直接光

照亮

可安装在该范围内

亮度降低

直接光

照亮

亮度降低

墙壁半腰现出不自然的明暗分界线

均衡照明

照亮墙面的反射光同时照亮了顶棚面，产生凹槽照明和檐口照明的双重效果

point

关于均衡照明

均衡照明是这样一种照明方式：照亮墙面的反射光同时也照亮顶棚面，从而产生凹槽照明和檐口照明的双重效果。由于光上下扩散，因此要比凹槽照明和檐口照明更明亮。

照明灯具设有可将光源隐蔽起来的幕板，灯光从固定的幕板上下投射出来。安装幕板和灯具的高度，比人站立时的视线水平稍稍偏上。

照明灯具的设置，与其他建筑化照明一样，要将灯具隐蔽起来。朝向顶棚的开口，可以像凹槽照明那样处理(参照本书104页)；但是朝下的开口，因可能被某个角度的视线看到，故须用乳白色丙烯酸树脂板或格栅遮挡。

建筑与室内的关系

使用均衡照明照亮的墙面和顶棚面，与凹槽照明和檐口照明一样，表面装饰以质感明显、未经抛光或经亚光处理的材料效果最好。

照明灯具的外观处理，应该与建筑和室内装饰的风格相互融合，尽可能看上去自然些。否则，无论怎样的间接照明都难免让人有画蛇添足之感。为了防止出现这种情况，可以将窗帘盒设法利用起来。

采用无缝连接管状灯

荧光灯、白炽灯和LED等都可作为均衡照明的光源。但是，从发热程度、成本和维护性等方面综合考虑，荧光灯是最佳选择。如果采用其中可调光的无缝连接管状灯，则更便于保持光的连续性。

此外，市场上有一种带幕板的均衡照明专用灯具，即使不做任何处理，也很容易实现均衡照明的效果。

■均衡照明

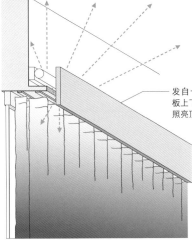

发自一个光源的光线从幕板上下两个方向射出，同时照亮顶棚和墙壁

幕板高度比人站立时视线水平稍稍偏上，使灯具不致被看到

■光源的隐蔽

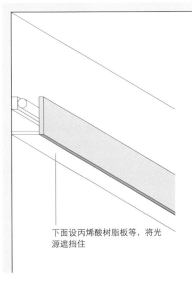

下面设丙烯酸树脂板等，将光源遮挡住

■无缝连接管状灯

普通荧光灯和管状灯的接缝处发暗

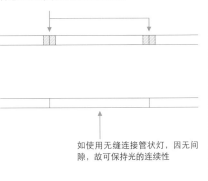

如使用无缝连接管状灯，因无间隙，故可保持光的连续性

间接照明注意事项

要做到灯具完全不暴露出来。灯光不照射无须光线的空调机等物件

point

灯具不显露出来

在住宅和店铺等处，常见到使用凹槽照明和檐口照明之类的间接照明。然而，灯光看上去很美、照明效果令人满意的例子竟格外地少。

作为差例，其中最多的是那种将灯具完全暴露的形式。因为设置间接照明最重要的事项，就是从任何角度也看不到灯具。尤其是2层的建筑，即使灯具从一层看不到，也可能在上楼途中的某个高度看得到，类似这样对安装位置和收纳方式考虑不周的例子比比皆是。

在无论怎样做灯具都会暴露的情况下，也可以选择那种外观较好的灯具，并讲究一点设置方法。

仔细选择顶棚和墙壁的表面材料

当用灯光照亮顶棚和墙壁时，即使灯具被隐蔽得很好，它的影子也往往会映衬在顶棚面和墙面上。尤其是那种用有光泽的材料装饰的顶棚面和墙壁面，光源的形态几乎被完全映照出来。这样一来，便失去了隐蔽灯具的意义。因此，顶棚和墙壁的表面装饰，最好采用经亚光处理和质感突出的材料。

要注意可照亮的范围

如采用凹槽照明、檐口照明和均衡照明照亮顶棚和墙壁，在其可照亮的范围内，应尽量不将灯光投射到多余的地方。

例如，在设有顶棚嵌入型空调换气口的情况下，利用筒灯等照明灯具照亮墙壁，在其可照亮的范围内或有门窗和换气口等，如果灯光毫无意义地照亮这些部分，往往会使其变得更扎眼。

假如真的这样做，反而糟蹋了特意设置的间接照明。在做照明设计时，应该下决心去掉可照亮范围内所有多余的东西。

■间接照明的差例

● 上楼途中看得到

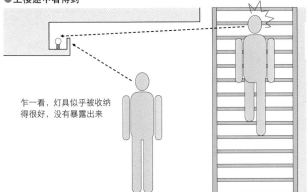

乍一看，灯具似乎被收纳得很好，没有暴露出来

✕ 上楼时，在某一高度灯具完全暴露出来

● 光源的形态被映照出来

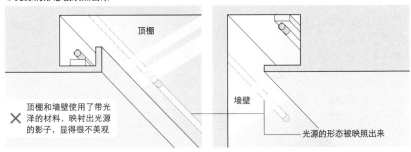

顶棚

墙壁

✕ 顶棚和墙壁使用了带光泽的材料，映衬出光源的影子，显得很不美观

—— 光源的形态被映照出来

● 空调部分被毫无意义地照亮

✕ 尽管顶棚被灯光映照得很漂亮，但却让空调换气口、维修人孔和照明灯具等变得十分扎眼

光顶棚·光墙·光柱·光地面

该照明方法将半透明材料与照明结合，让顶棚、墙壁、立柱和地板等表面发光

point

光顶棚

所谓光顶棚系指这样一种手法：将照明设置在以半透明玻璃、丙烯酸树脂板或不燃布料等装饰的顶棚内侧，让顶棚自身发光。在设计上，如果能做到一点儿也不显露位于顶棚背后的光源，并且顶棚整个表面十分均匀地发光，那会显得很漂亮。设置照明时，应考虑装饰材料的透光率、装饰材料与光源的距离以及相邻光源的间隔等因素。

尺寸关系则因光源及其附带灯具的规格而变化。一般情况下，如将顶棚装饰面与光源的距离和灯与灯之间的距离设定为 1：1，再将顶棚背面涂成亚光的白色，整个顶棚表面的发光就会很均匀。要使设计做得更加完美，也可以制作实验模型。

光源必须有足够的亮度，并且照亮的范围较广。由于维护相对比较麻烦，因此应该采用寿命较长的荧光灯。当然，也可以选择 LED 灯。如采用 LED 灯，顶棚背面的空间无须太大，而且还能够表现出色彩的变化。

光墙、光柱和光地面

所谓光墙和光柱的手法，与光顶棚一样，也是将照明设置在以半透明材料装饰的墙壁和立柱内侧，使墙壁和立柱自身发光。从耐久性方面考虑，多采用玻璃作为半透明材料。

光源不仅可设置在装饰材料的正后方，也可以靠近地面和顶棚设置，以营造出光的亮度退晕层次感。在这种场合，除使用荧光灯外，还可以使用冷光卤素灯、金属卤化物灯和 LED 灯等。假如墙壁和立柱较高，为使灯光照射到更远处，也可以将这些灯具与反光板组合在一起。

光地面与光顶棚的手法是一样的。不过，因人要在地面上走来走去以及摆放着桌椅等家具，故多采用钢化玻璃作为地面装饰材料。在照明设计上，甚至对洒在地面的液体渗入玻璃之下会产生何种影响都要予以分析。

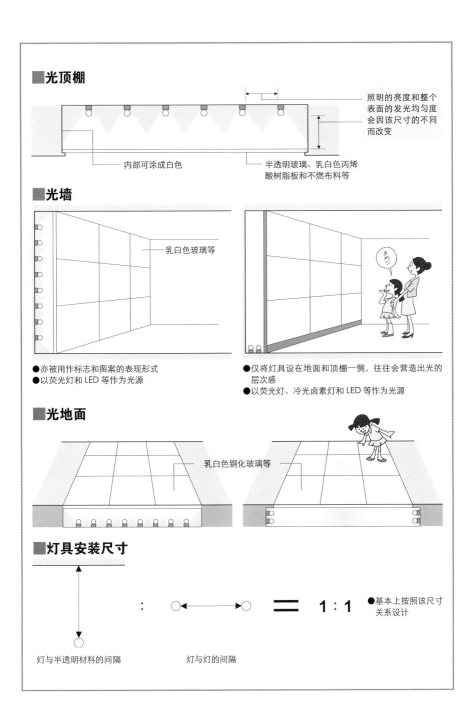

■光顶棚

照明的亮度和整个表面的发光均匀度会因该尺寸的不同而改变

内部可涂成白色

半透明玻璃、乳白色丙烯酸树脂板和不燃布料等

■光墙

乳白色玻璃等

きれい?

●亦被用作标志和图案的表现形式
●以荧光灯和 LED 等作为光源

●仅将灯具设在地面和顶棚一侧，往往会营造出光的层次感
●以荧光灯、冷光卤素灯和 LED 等作为光源

■光地面

乳白色钢化玻璃等

■灯具安装尺寸

: ◯ ⟷ ◯ ═ 1 : 1

●基本上按照该尺寸关系设计

灯与半透明材料的间隔

灯与灯的间隔

照明灯具配置和灯光效果

脚下间接照明

脚下间接照明可降低空间重心，营造出安定的氛围　point

表现出安定感和非日常性

最近常用的建筑化照明手法，还有脚下间接照明。它被安装在住宅门厅的台阶、门厅地面与鞋柜的间隙以及电视机台座等低矮家具与地面之间；在店铺中，则被设置在阶梯和柜台的下面。尤其是店铺的阶梯，多半都在每级踢脚处安装脚灯。

在靠近地面的地方设置间接照明，可降低空间的重心，营造出更加安定的氛围。而且，如果利用级差设置间接照明，也会提高人上下阶梯的安全性。

地面的材料质感也很重要

脚下间接照明所渲染的氛围，以光线稍暗效果更好些。因此，应选择那种可调光的灯具，以营造出色温稍低于白炽灯的温馨氛围。光源则可使用白炽灯、荧光灯和 LED 等。

在配置脚下间接照明时，对灯具收纳空间的尺寸和安装位置要仔细斟酌，考虑到其检修维护和更换灯泡是否方便。地面的质感很重要，假如用的是容易反光的材料，便会使灯具完全暴露出来，灯光辉映的美感也无法充分展现。在不得不使用反光地面材料的情况下，则可在细部设计上想些办法，如用乳白色丙烯酸树脂板将灯具遮挡起来。

注意亮度和时间段

在住宅中，有时是将间接照明安装在门厅鞋柜下面和入口门框台阶处。不过，如灯光过于明亮，或者色温太高，则往往让人感到不舒服。在门厅处，当有外光射入时，则无须使用间接照明，可将其作为整体照明的一部分，只在天黑后点亮。此种场合的灯光，应该在色温和照度方面匹配人的生理习惯。对于其他空间，也要注意到间接照明开启后的亮度和时间段，使其与生活节奏合拍。

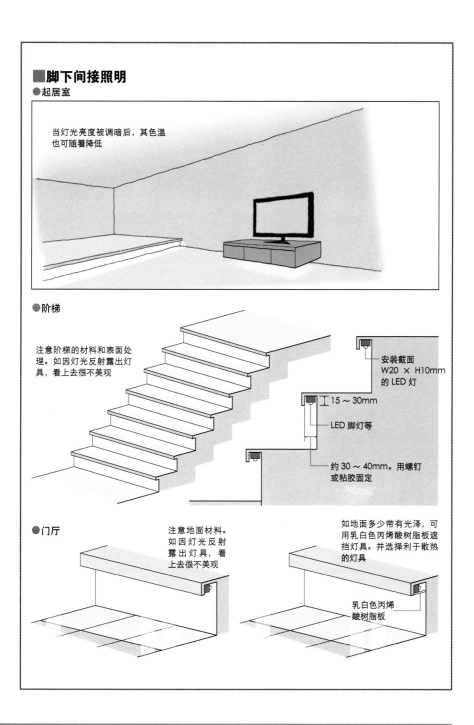

脚下间接照明

●起居室

当灯光亮度被调暗后,其色温也可随着降低

●阶梯

注意阶梯的材料和表面处理。如因灯光反射露出灯具,看上去很不美观

安装截面
W20 × H10mm
的 LED 灯

15 ~ 30mm

LED 脚灯等

约 30 ~ 40mm。用螺钉
或粘胶固定

●门厅

注意地面材料。如因灯光反射露出灯具,看上去很不美观

如地面多少带有光泽,可用乳白色丙烯酸树脂板遮挡灯具。并选择利于散热的灯具

乳白色丙烯
酸树脂板

灯具配置与空间印象

照明灯具的配置，应尽量淡化其存在感，使之不出现在人的视野中

point

给空间带来统一感

在建筑及其内部空间，除有因装饰的需要所使用的材料，其表面还安装着各种各样的设备仪器，如空调机、换气口、烟感器、插座和开关等。这些配置很容易让人感到杂乱无章。

要给人留下更好的空间印象，可以采用以下这些方法：让设备的色彩、形状、质感和配置方式等尽量统一，使其不出现较明显的差异，整体看上去很和谐。

灯具配置要点

在配置照明灯具时，除了将吊灯和落地灯作为主角外，可尽量选择那种存在感不清晰、外观不显眼的灯具。具体说来，以下 5 点很重要。

①选择可与顶棚和墙壁融为一体，不易被人注意到的照明灯具

②让灯具在整体上具有统一感，单个空间内使用的类型不同的灯具不超过 2 种

③灯具的布置整齐有序，不显得拥挤

④确认其是否与照明以外的设备要素以及门窗和家具的配置彼此协调

⑤要从平面图和顶棚仰视图中想象出一个三维的空间，并据此布置照明灯具

在①中提到的所谓"不易被人注意到的照明灯具"，基本上可认为是筒灯。其中，无论是削减眩光能力很强、带反光板型的灯具，还是针孔型的灯具，都不易引起人的注意。不过，如果仅仅限定在光源和灯具上，那选择的范围就变得很窄。因此，不妨做这样的判断：即使那些显眼的灯具，说不定因可增强明亮感或者起到装饰的作用而符合业主的期望。

上面的②，系指应采用同一厂家的同一系列产品。关于③和④，说的是灯具配置的好坏将在很大程度上改变空间的印象。最易被人忽略的则是⑤，但它恰恰又是一种特别重要的工作。

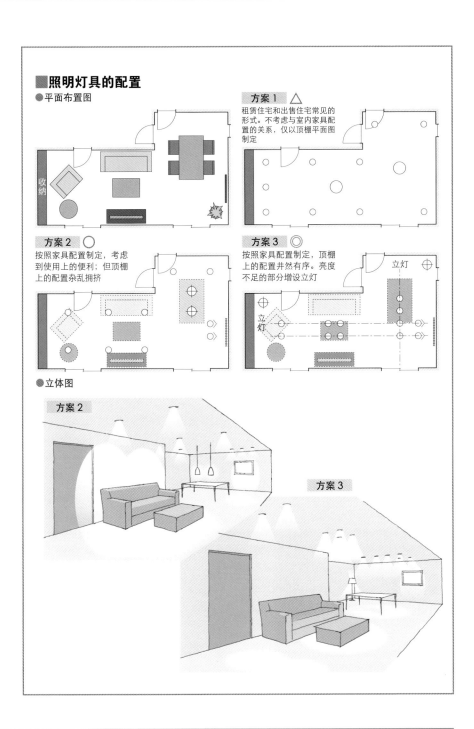

照明灯具的配置

● 平面布置图

收纳

方案 1 △

租赁住宅和出售住宅常见的形式。不考虑与室内家具配置的关系，仅以顶棚平面图制定

方案 2 ○

按照家具配置制定，考虑到使用上的便利；但顶棚上的配置杂乱拥挤

方案 3 ◎

按照家具配置制定，顶棚上的配置并然有序。亮度不足的部分增设立灯

立灯

立灯

● 立体图

方案 2

方案 3

照亮顶棚

使用凹槽照明及其他光源照亮顶棚、吸引视线，以强化开敞感

point

顶棚照明表现手法

通过建筑和室内的设计，有时可以形成类似竖井那样顶棚较高的空间。这样的空间，在住宅中多是起居室；如系大型设施，则多半为入口门厅和休息室等。像这样较高的顶棚，也可以利用照明手法进一步渲染其空间的开敞性，表现出其所具有的舒适性。

即使贴近地面杂乱地摆放着许多家具和物件的房间，有时顶棚和房间上方看上去很整洁。在这种场合，通过向顶棚投射灯光吸引视线，也同样会让人感到空间十分宽敞。

作为一种照明手法，可在简单利索的顶棚上采用凹槽照明，以避免将灯具显露出来。如以壁灯和射灯照亮顶棚，则要选择与室内设计协调、外观较好的灯具。另外，也可以使用吊灯和枝形灯照亮顶棚。如果选用外观设计有特色的灯具或者大型灯具，则会使灯具本身比顶棚显得突出。因此，采用装有裸灯泡的简单灯具，反而让空间变得更加清晰。

非住宅空间顶棚的照明效果如何表现

类似写字楼那样的高顶棚，往往要采用任务环境照明（参照本书100页）。在新干线列车和客机上，间接照明照亮了装饰华丽的顶棚，其反射光和向下的直接光则保证了地面的亮度。

在教堂等处，高高的顶棚表面往往覆盖着一层凝重的装饰。这种场合，如果用灯光将建筑结构和装饰的造型烘托出来，通过光与影的交汇增强其立体感，便可让参观者沉浸在无限的遐思中。作为一种手法，使用射灯、落地灯和凹槽照明之类的间接照明；光源则可选择白炽灯、荧光灯、金属卤化物灯和LED等，并在全面考虑设施的特点、运行成本和维护性等的基础上做出决定。

■空间开敞感与顶棚照明手法的关系

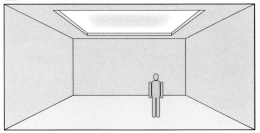

●高顶棚的大空间，可用照明提升空间的品位

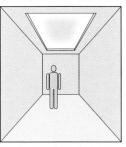

●即使细长的空间，如突出其长度方向，亦可增强其开敞感

●在顶棚较低的狭窄空间里，视线很难被吸引到上方去

■新干线的照明

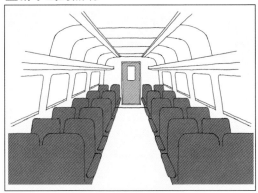

●被间接照明的柔和灯光照亮，凸显了顶棚的整洁部分
●下面虽然物件很多、很拥挤，但得益于间接照明，整体上却显得十分清爽

■照亮顶棚的手法

●使用射灯

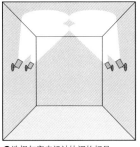

●选择与室内设计协调的灯具

●使用落地灯

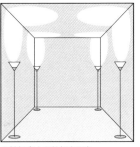

●被投向上方的灯光照亮

●使用吊灯等

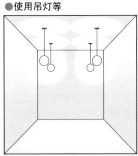

●使用吊灯等，重点照亮上方

照亮墙壁和立柱

与照亮整个房间相比，适当照亮墙壁和立柱则明亮感更强，营造的氛围也更高雅

point

照亮垂直面的效果

人只要不是在躺着的时候，与水平方向的地面和顶棚相比，垂直方向的墙壁、立柱和家具等更容易进入视野。因此，与其将整个房间毫无遗漏地照亮，莫不如适当地照亮垂直面则更具明亮感，营造出的空间氛围也更高雅。

如系狭窄的空间，则无须照亮地面，只要照亮墙面就足够了。比起采用整体照明的一般房间来，那明亮的程度给人的印象更深刻。另外，如系宽敞和大进深的空间，应该照亮里面顶头的墙壁，降低中间部分地面的亮度，通过檐口照明和洗墙照明连续照亮长墙面，则可突出空间的开阔和纵深。

在墙面附着装饰物或具有特殊质感的情况下，檐口照明和洗墙照明可将其特征凸显出来。此外，如墙面有绘画装饰，则可使用射灯照亮绘画处，使其成为房间中吸引人们目光的焦点。

墙壁的照明方式可采用檐口照明或洗墙照明，光源也有筒灯、射灯、壁灯和落地灯等多种。因为重点是要突出照亮的对象，所以要尽量选择那些外观造型简单、不太显眼的灯具。

窗帘的照明处理

通常情况下，窗上都装有窗帘。白天拉开窗帘，可在室内透过玻璃窗看到外面美丽的风景。可是，到了夜晚一拉上窗帘，屋子里顿时变得很狭窄，让人觉得很闭塞。

要改变这种状况，可以在夜晚用凹槽照明和筒灯等将其照亮，这样不仅能够使空间显得更宽敞，而且灯光与窗帘的色彩、图案和褶皱阴影交相辉映，会产生很美的效果。

■照亮墙壁的手法

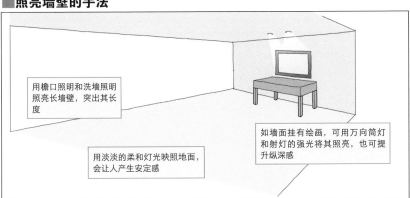

用檐口照明和洗墙照明照亮长墙壁，突出其长度

如墙面挂有绘画，可用万向筒灯和射灯的强光将其照亮，也可提升纵深感

用淡淡的柔和灯光映照地面，会让人产生安定感

■窗帘的照明处理

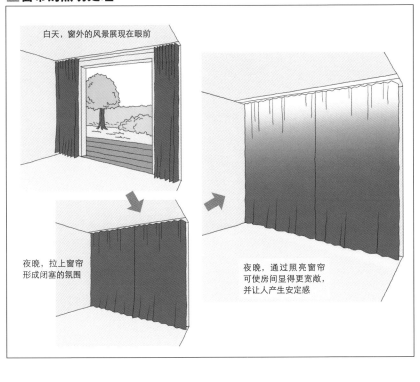

白天，窗外的风景展现在眼前

夜晚，拉上窗帘形成闭塞的氛围

夜晚，通过照亮窗帘可使房间显得更宽敞，并让人产生安定感

照亮水平面

从分别照亮地面、桌面、墙壁和顶棚的构想出发，根据人的活动特点和各种活动的时间段做照明的布局

point

分别照亮对象物的构想

在照亮房间时，基本的想法都是要维持水平面的亮度。这种场合，通常以地面为中心，采用整体照明方式照亮整个空间。可是，也有这样的方法：整个房间中的墙壁和顶棚不照亮，只照亮地面和桌面。

也就是从分别照亮地面、桌面、墙壁和顶棚的构想出发，根据人的活动特点和各种活动的时间段做照明的布局。

照亮水平面的手法

通常，使用筒灯和射灯自顶棚向下照亮地面和桌面。但作为整体照明使用的光源，因配光分散，故不适宜照亮特定部位。要单单将地面和桌面作为重点照亮则应选择那种光的方向性集中的灯具，以避免多余的灯光泄漏到墙壁或顶棚等非重点部位。

设有镜面反光板的筒灯和射灯，以其优异的设计，成为一种光的扩散度和方向性可控的灯具。光源则可用冷光卤素灯、小型的金属卤化物灯和LED 等。总之，发光部分和光源的点越小，通过反光板控制光扩散的精度也越高。

另外，除了自身设有反光板的灯具，还有带分光镜的卤灯（冷光卤素灯）、带铝镜的卤灯和光束灯等。它们具有光扩散角度可选择的特点，使用起来很方便。

充分利用带遮光罩的灯具

还有一种照亮地面和桌面的手法，就是采用带遮光罩的灯具，使灯光不朝上方和横向泄漏。常见的例子就是台灯。此外，利用吊灯和间接照明也可获得同样的效果。

■照亮水平面的手法

●以白炽灯和荧光灯作为光源的整体照明用筒灯

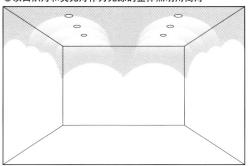

●住宅中最常用的是配置白炽灯和荧光灯光源的筒灯。灯光不仅照亮地面，也扩散到墙壁上，将整个房间照亮

●以金属卤化物灯等作为光源的筒灯

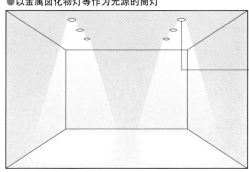

●如果使用金属卤化物灯之类光束角小的筒灯，灯光只投射到狭小的光束范围内，对其他部分不会有多大影响

如系削减眩光能力强的灯具，不仅可使灯具变得隐蔽，多余光线也不会外漏

●吊灯

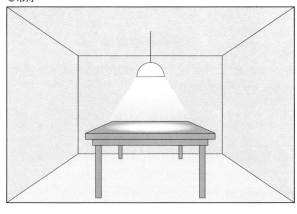

●如系带金属遮光罩、灯光不向下方以外的地方泄漏的灯具，便能够单单照亮桌面

单坡顶棚注意事项

为了显露出整洁的倾斜面，应该尽量不在顶棚上安装灯具

point

充分利用顶棚的方向性

如系单坡顶棚，要设法利用其造型特点来做照明设计。而且，有必要仔细斟酌地面上的家具布置、位于墙壁垂直面上的门窗、开口部以及空调设备等要素之间的相互关系。

单坡顶棚的照明，除凹槽照明外，也可考虑采用壁灯和射灯等，或者将外观造型漂亮、富有装饰感的吊灯和枝形灯悬挂在顶棚的倾斜部分。

不过，为使倾斜面显得更整洁，还是尽量不要在顶棚上安装灯具更好些。在不得不将灯具安装于顶棚的情况下，应将其安装在便于维护的较低位置，尽可能减少灯具的数量，避免让人觉得上面悬挂的灯具太多。安装筒灯和射灯的情形也是一样，不要将其布置在倾斜顶棚的高处，以免造成维护上的困难。

托架照明和凹槽照明的渲染效果

如在倾斜顶棚的较低处配置凹槽照明，应考虑窗户与空调换气口之间的位置关系，确认其尺寸是否可保证收容的空间。另外，如在倾斜顶棚的高处配置凹槽照明、托架照明和射灯等，则须考虑门窗等开口部与二层连接的关系，找到最佳的配置方式。而且，当采用凹槽照明时，还应确认照明光源不会暴露，如存在这样的缺陷，则须采取相应对策。

此外，如灯具被安装在端墙上，不仅灯光的扩散不均匀，而且灯具也显得不稳定。这样的方式不值得提倡。

亮度的模拟实验

单坡顶棚的照明，无论安装在斜坡的低处还是高处，都要事先进行亮度评估。为此，要想让不同类型和数量的灯具获得希望的照明效果，应该事先做模拟实验。

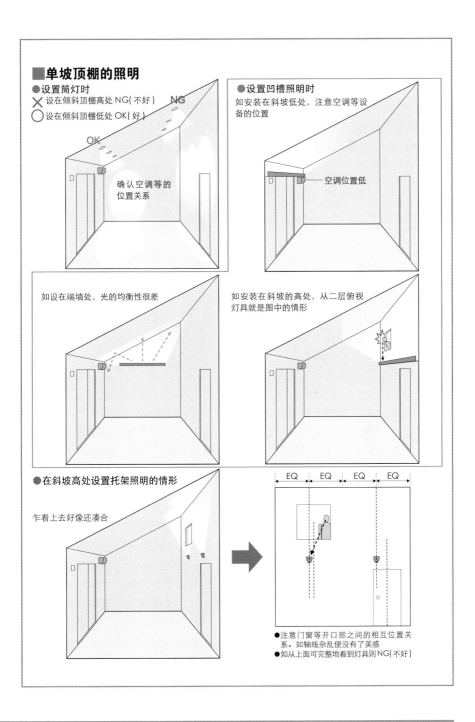

■单坡顶棚的照明

●设置筒灯时
✗ 设在倾斜顶棚高处 NG(不好)
○ 设在倾斜顶棚低处 OK(好)

NG

OK

确认空调等的
位置关系

如设在端墙处，光的均衡性很差

●在斜坡高处设置托架照明的情形

乍看上去好像还凑合

●设置凹槽照明时
如安装在斜坡低处，注意空调等设
备的位置

空调位置低

如安装在斜坡的高处，从二层俯视
灯具就是图中的情形

EQ　EQ　EQ　EQ

●注意门窗等开口部之间的相互位置关
系。如轴线杂乱便没有了美感
●如从上面可完整地看到灯具则NG(不好)

人字顶棚的照明

为使顶棚显得整洁，推荐在檐侧设置凹槽照明或安装壁灯

point

充分利用方向性

如系人字顶棚，因山墙面和檐墙面具有不同的方向，故在考虑照明设计时可设法利用这一点。与单坡顶棚的情形一样，有必要仔细斟酌平面上的家具布置、位于墙壁垂直面上的门窗、开口部以及空调设备等要素之间的相互关系。至于照明手法，可采用筒灯、凹槽照明、壁灯和射灯，或者将外观造型漂亮、富有装饰性的吊灯和枝形灯悬挂在顶棚的中央位置。

不过，为使倾斜面显得更整洁，还是尽量不要在顶棚上安装灯具更好些。在不得不将灯具安装于顶棚的情况下，与单坡顶棚一样，应将其安装在便于维护的较低位置，并尽可能控制灯具的数量。安装筒灯的情形也是如此，不要将其布置在倾斜顶棚的高处。另外，如在檐墙面两端安装凹槽照明和壁灯，则会具有很强的安定感，而且布置上显得简约和整洁。

设置照明时，还应考虑到窗户、空调机、换气口、门和开口部相互之间的位置关系以及与二层的连接等，确认其是否可保证收容的尺寸。

梁和屋架外露的场合

在梁和屋架外露的情况下，使用角度可调的射灯是个有效的方法。只要安装的射灯达到一定数量，便能够对梁及屋架与灯具起到调和作用，使其显得不那么生硬。此外，也可以考虑将屋架部分与其余部分隔开，以使其产生更具象征意义的效果。

确定山墙面上的灯具安装位置，是比较困难的事。对于凹槽照明来说，这尤其难以驾驭。虽然配置壁灯和射灯要容易得多，但是诸如与开口部和设备等其他要素的位置关系以及随之而来的扩散方式等，需要考虑的事项也会更多。

人字顶棚的照明

● 安装射灯的场合

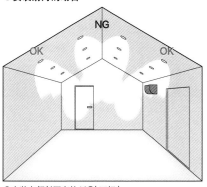

● 安装在倾斜面高处 NG (不好)

● 梁和屋架外露的场合

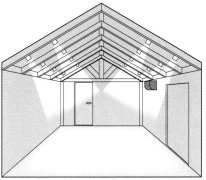

● 使用射灯突出梁和屋架可产生特殊效果

● 将檐墙面改造成凹槽照明时

确认其高度是否便于维护

● 将间接照明安装在檐墙面两端，成为简约和整洁的布置

● 在山墙面安装壁灯时

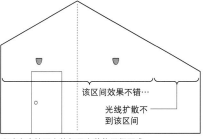

该区间效果不错…

光线扩散不
到该区间

● 确定山墙面上的灯具安装位置很困难

● 设置凹槽照明的场合

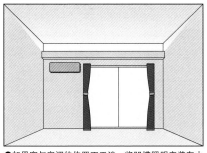

● 如果窗与空调的位置不干涉，将凹槽照明安装在山
墙面上，则会使顶棚的倾斜面显得很整洁

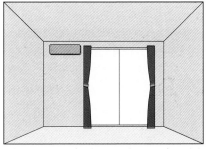

● 如开口很高，与空调机一起形成干涉，则不适宜安
装凹槽照明

不同空间的连接①

在连接起居室和餐厅时，要将照明灯具类型控制在
2、3种之间，并使光的色温一致

point

常见的 LDK 照明方式

要将起居室和餐厅连成一体，常见的例子是，将大型荧光吸顶灯设在起居室中央，再于餐桌上方悬挂2、3盏吊灯，并在靠近墙壁处设筒灯。从餐厅那里，有时甚至能够看到厨房中带罩的荧光灯和作业用的荧光壁灯。这种场合，如再将立灯摆放在格架上，便失去了空间的特点，设计上的协调性也展现不出来。

整体上的统一感很重要

当不同空间连成一体时，若照明灯具种类过多便显得很杂乱。因此，灯具外观造型只要有2、3种就足够了。

此外，同时点亮的灯光种类不要太多也很重要。假如要将整体照明中的筒灯、洗墙灯、上部灯、桌面上方的吊灯和地面的间接照明等同时点亮，形成像是由一盏灯构成的场面，真正做到也很不容易。

灯光的点亮方式应该与LDK的各种用途及场面相符，并将其与不采用此种方式的灯具分开布置；而光的色温则要尽量一致。还应注意灯具的配置，尤其要避免为安装筒灯而在顶棚上随便开孔。

照明数量较多时

当需要较高照明时，使用的灯具数量会较多，难免会显得杂乱。因此，最好选择那种本体安装开口直径较小的灯具。如系筒灯，在以紧凑方式安装2 ~ 4盏的情况下，不仅可确保顶棚面的整洁，而且其亮度也可满足要求。

另外，类似商店那样的地方，都将灯具集中安装在顶棚的缝隙中，或者采用三联型的灯具（参照本书179页）。这样一来，即使光源数量多些，看上去也不杂乱。

▉连续的 LDK 照明

差例

✗ 照明灯具的种类多，光的种类也很杂乱，让人感受不到空间的特点

好例

○ 空间整体具有统一感，给人以整洁的印象

整齐安装的筒灯

洗墙照明中的筒灯

隐蔽安装的作业灯

照明灯具配置和灯光效果

不同空间的连接②

对于天井照明，应从各个角度和不同高度审视灯具的外观效果、炫目程度和安全性

point

天井的照明

最近，带天井空间的住宅逐渐增多。或将大天井设在起居室，或以楼梯将数层空间连接起来。天井除了可以扩展空间的广度外，还通过纵向延伸使空间产生动感和独特性。照明设计要想做到在突出这些特点的基础上适当地照亮必要部分，不是一件容易的事。

尤其站在楼梯上以及在上下楼梯时抬头或低头可看到的情况下，必须从各个角度和不同高度去审视照明的外观、炫目程度和安全性等。此外，不将灯具安装在不便于维护的场所也很重要。

可意识到上下的连续性

如将射灯和壁灯安装在天井梁的部位，则要注意光源是否炫目以及可看见的灯具的外观。在这种场合悬挂吊灯和枝形灯也同样如此。

如系凹槽照明、檐口照明和均衡照明等方式，最好不使用可能外露的灯具。假设隐蔽灯具很困难，莫不如直接选择灯具外露的照明方式，这样有时反倒效果更好些。

在设有楼梯的场合，必须保证可供安全通行的最低亮度。不过，假如单从功能方面考虑，不充分展现天井的特点，也就未做到物尽其用。在天井各个角落的关键部位，均应配置灯光，使得人站在天井的下层时觉得与上层相通；反之，当站在上层时又有与下层相连的感觉。哪怕再小的一盏灯，映照的光线也能够渲染出空间的连续性。

另外，如将灯光投射到顶棚上突出高度感和距离感，或用檐口照明和立灯等照亮墙壁来突出水平方向的广度感，也都是有效的方法。

■天井空间的照明

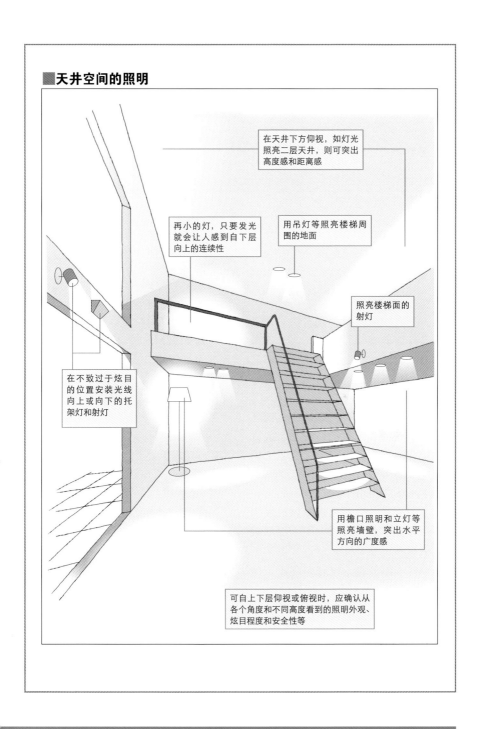

在天井下方仰视，如灯光照亮二层天井，则可突出高度感和距离感

再小的灯，只要发光就会让人感到自下层向上的连续性

用吊灯等照亮楼梯周围的地面

照亮楼梯面的射灯

在不致过于炫目的位置安装光线向上或向下的托架灯和射灯

用檐口照明和立灯等照亮墙壁，突出水平方向的广度感

可自上下层仰视或俯视时，应确认从各个角度和不同高度看到的照明外观、炫目程度和安全性等

与外部空间的连续性

要形成与外部空间的连续性，则应使室外的亮度略高于室内

point

照亮起居室和庭院

面向庭院或平台的起居室等房间，夜间多半会拉上窗帘。这自然是因遮挡来自外面的视线，出于防范上的考虑不得已而为之。但如果条件允许的话，则不妨考虑让室内与室外具有一定的连续性。

譬如，在庭院被围墙环绕，或者由多个房间围成内院的情况下，假设能够让室内与室外之间形成视觉上的连续性，便可构筑一个像外部空间那样广阔的内部空间。

要使内部空间与外部空间形成连续性，关键是应将外部空间的亮度维持在略高于内部空间的状态。即使不能将室外全部照亮，也要照亮重点的角落和场面。

防止窗玻璃反光

当室内亮度高于室外时，隔开室内外的窗玻璃会因反射而产生眩光那样的效果，让人看不清外面的景物。此时，室内窗玻璃的垂直面上多半会被大量的灯光照射着，或者被吸顶灯之类的大型光源映照得光芒耀眼。

假如灭掉这些灯光，只靠光线柔和的吊灯照亮地面，窗玻璃上的反光就不会那样强烈，从而可较容易地表现出室内与外部空间的连续性。此外，如果使用调光开关降低室内的整体亮度，并相对照亮室外的重点部位，则可使庭院看上去更漂亮。

浴室的连续性

最近，使室内具有与外部空间连续性的设计日渐多起来。如将浴室设在平台隔壁，或者辟出一块土地面的小院等。这种场合，其实也与起居室一样，原则上要将室外亮度维持在略高于室内的状态。在遵循这样原则的基础上，照明效果也会起到提升浴室设计的美感和宽阔度的作用。

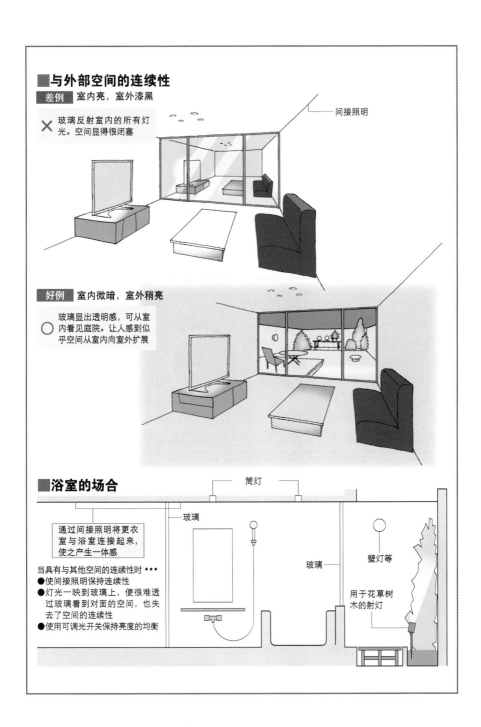

■与外部空间的连续性

差例 室内亮，室外漆黑

✕ 玻璃反射室内的所有灯光。空间显得很闭塞

间接照明

好例 室内微暗，室外稍亮

○ 玻璃显出透明感，可从室内看见庭院。让人感到似乎空间从室内向室外扩展

■浴室的场合

筒灯

玻璃

通过间接照明将更衣室与浴室连接起来，使之产生一体感

当具有与其他空间的连续性时•••
● 使间接照明保持连续性
● 灯光一映到玻璃上，便很难透过玻璃看到对面的空间，也失去了空间的连续性
● 使用可调光开关保持亮度的均衡

玻璃

壁灯等

用于花草树木的射灯

照明灯具配置和灯光效果

133

使用裸灯泡

可考虑用小型氪气灯泡和卤素灯泡代替已经停止生产的白炽灯泡

point

裸灯泡是照明的原点

说起照明的原点，便让人想到历史上爱迪生发明的灯泡。最初的裸灯泡，其造型有点像腔棘鱼的样子。因此，如同要追溯建筑的原点进行设计一样，在照明方面也离不开裸灯泡。

那种过时的照明灯具之所以仍在使用，应该说就因为它具有价格上的优势。遗憾的是，随着全社会节能运动的兴起，日本应用最广泛的 E26 灯头的灯泡今后将停止生产，已经很难再买到了。

裸灯泡的种类

最常见的裸灯泡是白色玻璃的普通灯泡（石英灯泡）。玻璃被加工成白色，因光通过玻璃表面扩散，故光色略微发白。即使 60W 左右的灯泡，只要露在外面，灯光便相当炫目，往往难以看清空间里的情形。透明玻璃的

普通灯泡（透明灯泡），其光色即灯丝发光的颜色，多少显出橙色。看上去要比石英灯泡亮些。二者的灯光一进入视野，有时都会让人感到炫目，因此应该做可调光处理。

水银灯（反射灯泡）的透明玻璃部分约占灯泡的一半左右，玻璃内部半球一侧系由铝真空蒸发制成的反射镜。它不仅能够截断直接入眼的眩光，还可以通过镜面反射类似间接照明那样使用。

要在空间布置裸灯泡，可像吸顶灯那样利用插座直接安装在顶棚上，或者在顶棚上多悬挂几个作为吊灯。另外，也可以将插座嵌入顶棚和墙壁内，只露出灯泡。

裸灯泡的特点就在于，它能够一边发热，一边点燃灯丝发光的单纯性。在白炽灯泡停止生产后，小型氪气灯和卤素灯作为裸灯泡说不定会受到人们的青睐。

■水银灯

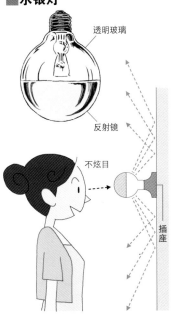

透明玻璃

反射镜

不炫目

插座

●使用水银灯可配置成简单的间接照明

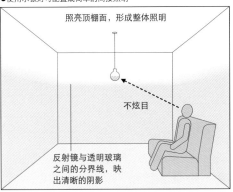

照亮顶棚面，形成整体照明

不炫目

反射镜与透明玻璃
之间的分界线，映
出清晰的阴影

■裸灯泡的设置

●直接安装在插座上

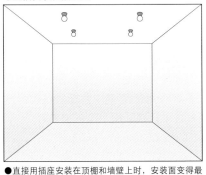

●直接用插座安装在顶棚和墙壁上时，安装面变得最
明亮

●作为吊灯使用

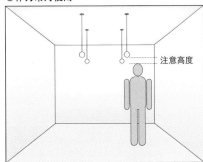

注意高度

●可照亮整个房间的各个角落。要确认裸灯泡是否会
被空调风吹得摇摆

无论任何场合，只要看见光源都多半会
觉得炫目，因此应做调光设计

使用冷光卤素灯

有不同的光束角，可通过狭角、中角和广角的组合
营造照明效果

point

狭角·中角·广角

冷光卤素灯有着不同的光束角（参照本书 205 页）。如用 10 度狭角（集束光）的灯，被其照亮的部分与未照亮部分会形成明显的对比。因此，多在要以射灯凸显某一部位时使用。如果是 20 度的中角灯，适用于顶棚较高，或光源与对象物之间距离稍远的场合。如在近距离场合使用，则会形成与 10 度狭角灯类似的强光。30 度的广角（扩散光）灯，在顶棚高度 2500mm 左右的房间作为整体照明照亮地面和桌面，或用于照亮宽幅的绘画等，效果很好。此外，亦可靠墙摆放几盏作为洗墙照明使用。

在使用冷光卤素灯时，通过狭角、中角和广角的组合，可以使灯光形成不同的层次，看上去也很有趣。

灯具种类

各家厂商提供的冷光卤素灯产品种类繁多。在选择灯具时，不仅要看重价格和外观，还应确认其是否具有削减眩光性能和应用范围有多广等。而且还要注意，灯具本体感官上的大小与样本和实物的差别。

射灯的安装方式，有固定于顶棚和墙壁的直接安装型、轨道滑动型、户外用防水型以及绿化用的插地固定型等多种。安装筒灯，则可采用下垂的空间照明型、内部定向或角度可变的可调节型以及可调节型中形状稍外凸的通用型等。近几年来，多被用在商店和公共设施中的方形筒灯，有双联和三联等多种形式，它将 2、3 个光源集中于一处，可使顶棚的设计看上去简约而又清爽。另外，在线形照明系统中，则使用 12V 的卤素灯。

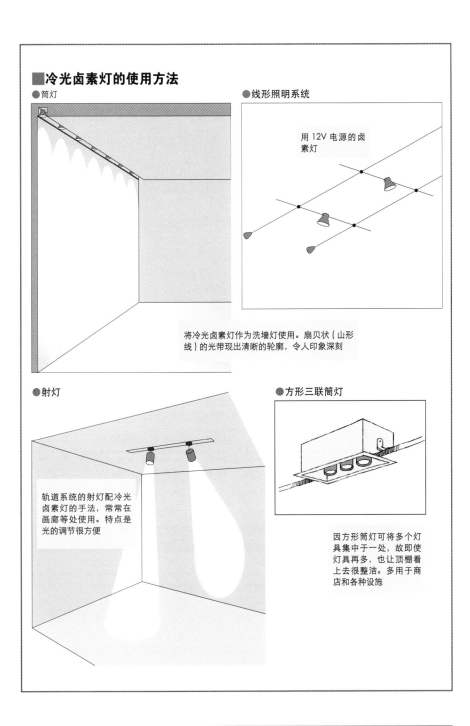

■冷光卤素灯的使用方法

●筒灯

●线形照明系统

用 12V 电源的卤素灯

将冷光卤素灯作为洗墙灯使用。扇贝状（山形线）的光带现出清晰的轮廓，令人印象深刻

●射灯

轨道系统的射灯配冷光卤素灯的手法，常常在画廊等处使用。特点是光的调节很方便

●方形三联筒灯

因方形筒灯可将多个灯具集中于一处，故即使灯具再多，也让顶棚看上去很整洁。多用于商店和各种设施

使用落地灯

在落地灯上装白炽灯泡，并安上模块配置开关，便可构筑成温馨怡人的照明环境

point

作为间接照明使用

　　落地灯不仅移动和增设都很容易，而且灯具的规格尺寸齐全，外观造型种类繁多，既有简单朴素的，也有特色鲜明的。这是一种应用范围十分广泛的照明灯具。

　　最近，出现了为间接照明而设计的落地灯，只要将其放在家具的背后或一侧，便可产生间接照明的效果。

　　多数台灯都能够用夹钳固定，因此可找到其最佳摆放位置，以获得满意的亮度和所需要的氛围。将小的球形可移动灯放在电视机背后，刚好成为看电视时的间接照明；如放在沙发和植木钵的后面，则营造的氛围既不寻常，又很温馨。

　　如此一来，只要在落地灯的使用上稍下功夫，便可让照明效果产生种种变化，从而营造出与平时不同的空间氛围。

使用白炽灯泡和调光器

　　在设计上，落地灯使用白炽灯泡，并设家庭用调光模块配置开关，便能够获得满意的亮度（参照本书148页）。想想酒店的客房，应该是很好的例子。几乎所有的顶棚都不设照明，只靠2、3盏落地灯和壁灯照亮房间。其实住宅也是一样，完全可以照此进行设计。譬如在卧室里，使用3个灯泡的大型落地灯作为主照明，并根据房间的大小再增设几盏小型落地灯。落地灯的摆放位置，应尽量靠近房间对角线的角落处。另外，也可以将台灯和壁灯设在床边作为读书灯。

　　落地灯要占用房间内的一块地方，在空间不太宽裕的情况下，最好不要勉强设置。不过，只要能选到外形尺寸合适的灯具，将其作为一种室内设计元素也是件很有意思的事。

■落地灯的种类

●间接照明用落地灯 / 纵长型

●间接照明用落地灯 / 横长型

●球形落地灯

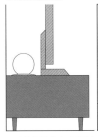
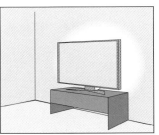

●夹钳灯

●球状的简单小型落地灯，也可以隐蔽使用，成为间接照明。放在电视机背后的效果最好。因新型电视机的辉度很高，故将其周围稍稍照亮些，会使对比度更柔和，眼睛更舒服

●将夹钳灯固定在书架上，通过照亮顶棚和图书获得间接照明的效果

●酒店的客房

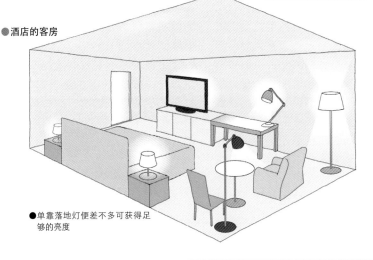

●单靠落地灯便差不多可获得足够的亮度

使用家具的间接照明

在固定家具和定制家具中加入照明元素，使其成为融入建筑和室内设计中的照明

point

可表现出丰富多彩的效果

通过将照明元素加入固定家具和可移动的定制家具中，便可使其成为建筑化照明和间接照明。如灯光自上而下照亮顶棚面，便成为凹槽照明；而从家具脚下照亮地面那样配置照明，则构成地面的间接照明。如将照明设在低柜上面靠墙处，灯光上下相对映照，又可产生檐口照明的效果。

在定制家具上安装照明灯具的好处是，即使建筑物进行改造翻修，照明配置也无须做大的调整，可以像建筑化照明那样，与建筑和室内设计融合成一体。而且，不仅在新建时、即使在改造时也与建筑化照明相似，很容易成为简约的间接照明。在做这样的设置时，除须注意不能暴露灯具和便于更换灯泡以及在设计时仔细核对尺寸外，还应确认灯具的类型及其特点是什么。

对尺寸、发热和电源的考虑

在家具上配置间接照明，要有精确的收纳尺寸。安装照明灯具时，用力过大或灯具本身过重，都可能损坏家具，而且灯具发出的热量也会成为问题。尤其对于木制家具，应该充分研讨其是否存在因照明发热而导致本体劣化或破损的可能性。要对以下情况做出预判：灯具散热的温度有多高、有没有将人烫伤的危险、会不会被水淋湿，等等。

即使像荧光灯那样发热量不大的灯具，只要被封闭在狭小的空间内，也会产生高温。因此，应该适当地开设一些散热孔。在设计上一定要注意，不要采用那种无法施工、制作、安装和维修的形式。

在家具上安装照明，自然缺少不了电源。因此，要确定是将电源适当地设在家具脚下，还是将其固定于顶棚吊挂的嵌板上。

■家具上的照明安装

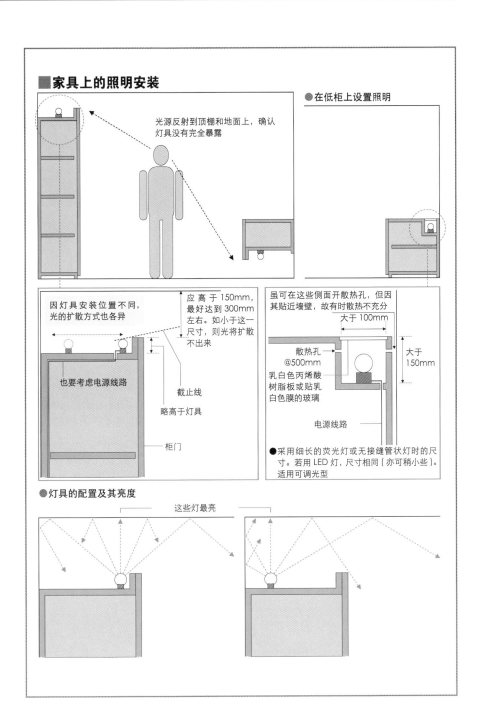

光源反射到顶棚和地面上，确认灯具没有完全暴露

●在低柜上设置照明

因灯具安装位置不同，光的扩散方式也各异

应高于150mm，最好达到300mm左右。如小于这一尺寸，则光将扩散不出来

也要考虑电源线路

截止线

略高于灯具

柜门

虽可在这些侧面开散热孔，但因其贴近墙壁，故有时散热不充分

大于100mm

散热孔@500mm

乳白色丙烯酸树脂板或贴乳白色膜的玻璃

大于150mm

电源线路

●采用细长的荧光灯或无接缝管状灯时的尺寸。若用LED灯，尺寸相同（亦可稍小些）。适用可调光型

●灯具的配置及其亮度

这些灯最亮

使用 LED ①

要想到是现在流行的灯具，应在权衡利弊的基础上，将其用于适当场所

point

用于适当场所

使用 LED 灯时，要想到它是现在流行的灯具，应在判断其渲染各种场面优缺点的基础上，选择适当的设置场所。它有两个优点是其他灯具所没有的，一是小型化，二是长寿命。因此，很适于用在灯泡更换困难的地方。目前，LED 灯主要用于以下场合。

• **楼梯照明** 通过在每一级或隔一级设置 LED 灯，让小小的灯光照亮阶梯。此外还有这样的方法：将灯具安装在楼梯一侧的墙壁上，自上而下地照亮踏面；或在踏面端头配置成条状照明等。这样设置的目的，在于即使漆黑的夜晚也不使灯光太亮，只对安全通行起到辅助作用，并因其耗电量小，故亦可作为常夜灯使用。

• **扶手照明** LED 灯也被用在楼梯扶手和面向天井的通道栏杆等处。利用 LED 灯体积小、发热量少的优点，不仅可适度地照亮室内地面，而且灯光还将楼梯扶手映照得十分漂亮，具有很强的渲染作用。不过，当从下面仰视时或有炫目的可能，因此设置时要格外注意。

• **指示照明** 将其嵌入地面，利用 LED 灯的光点指示方向，或标示出空间的分界。

• **埋地灯** 嵌入地面等处或者直接安装于表面，自下而上地照亮墙面、立柱和树木等。虽然可供使用的灯具多种多样，但是只有 LED 灯，发热量和耗电量都很小，而且几乎可以不考虑灯泡更换的问题，因此是最佳选择。另外，因为户外用照明的总体造价相对较高，所以采用并不便宜的 LED 灯反倒突出了它的优势。

• **庭院灯** 在日本的家庭用品服务中心，可见到销售的一种庭院灯，采用了 LED 与太阳能光电板组合的形式。虽然灯具很小，但却能够照亮暗黑的庭院，烘托出欢快的气氛。此外，采用另接电源的 LED 作为照亮花草树木的庭院灯，也同样可获得充分的亮度。

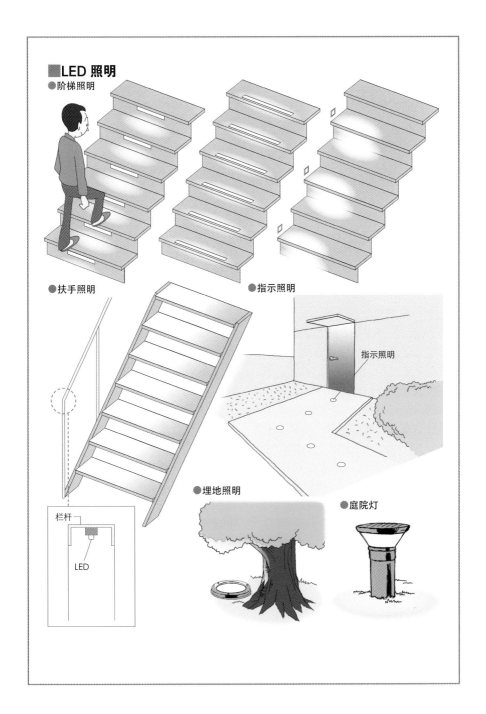

LED 照明

●阶梯照明

●扶手照明

栏杆

LED

●指示照明

指示照明

●埋地照明

●庭院灯

使用 LED ②

改善LED亮度不足的问题，使其具有可作为主照明使用的性能

point

扩大引入的优势

从前的 LED，由于光通量小，因此用于一般照明存在亮度不足的问题。此外，由于是点光源，因此灯光缺少适当的覆盖范围，也成为其弱点之一。然而近些年来，LED 的亮度已经大幅提高，并逐渐被开发成整体照明用的光源，用以取代白炽灯和荧光灯。最近，在市场上已经出现具有筒灯、射灯和管状荧光灯那样外形尺寸以及具有与其相同亮度的 LED 灯具。而且，其色温和显色性也被改善到接近荧光灯的水平，较高的节能性和几乎无须更换灯泡的特点，使引入的优势进一步扩大。

目前看到的许多产品，在发生故障时要更换灯具和光源部分仍然很困难；不过，部分产品已经将光源部分制成组件形式，更换起来就方便多了。此外，为与现有的各类照明灯具配套而改型的 LED 灯泡越来越多，这样的

灯泡所发出的光可能并不比原来的灯泡性能差。

有效的使用方式

LED 主要适用于壁灯、轨道滑动型射灯、间接照明和充电式台灯等。LED 最有效的使用方式，应该是将其用于更换灯泡困难、需要小尺寸光源的间接照明。因其发热少，也比较适合用在对灯光照度和渲染效果要求不太高的家具上。

此外，还适用于照亮贵金属类饰品的小型射灯。其外形尺寸容易设在陈列柜中和不太担心光热会损坏商品的优点，都可充分利用。

如将 LED 用于集合住宅等处的外廊下或作为户外照明，还有一个好处是，蚊虫很难靠近。蚊虫因被紫外线吸引才向一处集中，而不发紫外线的 LED 照明，既节省了清扫的工夫，亦可让建筑物始终处在更美观的状态中。

■LED 吊灯

■LED 缝隙型基础照明

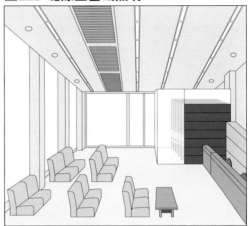

正因为使用了 LED,
才使得吊灯的光线
显得更加柔和

灯具自身厚度 18mm

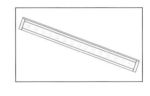 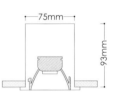

代替紧凑型荧光灯的线性 LED 照明器具。作为基础照明用灯具,
属于最细的类型

■适合 LED 的各种用途

● 间接照明

设在不易更换
灯泡的位置。无
须很高的照度

● 小型射灯

发挥外形尺寸小的优势。
因不发出紫外线和红外
线,故不易损坏商品

● 高处

适合所有不便
更换灯泡的场
所

145

建筑化照明

凹槽照明通过照亮顶棚面，在突出空间高度和进深的同时，也给室内提供了柔和的亮度

檐口照明通过照亮墙面，突出了水平方向的广度。并且，还让人觉得比实际的地面照度更明亮

脚下的间接照明

当用建筑化照明照亮窗帘等处时，会使其表面质地和图案呈现出立体感，变得更加醒目

阶梯上的踏步灯，有助于安全通行。因不过分明亮，故易使眼睛习惯，而且营造的氛围也很好

照亮天井空间

5

6

在天井空间中，通过照亮天井的顶棚及其上方墙面，可突出空间垂直方向的广度

室内与室外的连续性

7

如将托架照明和射灯安装在墙面上，则便于更换灯泡，并可兼顾朝向下方的照明

8

夜间因玻璃面的光反射，多半看不清室外的景物。通过照亮室外地面和绿化植物等，降低室内的亮度和控制照射面，即使在夜间也可保持通往室外的视觉连续性，从而提升了开放感

照片 〈1・2・5〉出处：オーデリック 〈3〉实例：ホテル エルセラーン大阪、设计：日建設計、出处：トキ ・ コーポレーション
〈4〉出处：トキ ・ コーポレーション 〈6～8〉出处：大光電機

照明灯具配置和灯光效果

电气工程不需要的调光装置

调光装置的种类

调光装置的种类很多,而且在特点、效果和价格等方面有很大的选择余地。在类似出租住宅那样不安装调光开关的场合,如将带调光功能的挂线盒用配线管安装在顶棚上,便可对卤素灯的射灯和吊灯做调光控制。

如果是落地灯,则在灯具的插头与插座之间配有调光开关,可对卤素灯灯具调光。只要使用了这样的灯具,便能够随意调节餐厅和卧室等处的光环境。

调光开关及其系统

最常见的调光开关,是那种装有亮度调节旋钮和电源控制开关的开关板。分别有用于白炽灯和荧光灯的,只要选用的开关适当,即可简单准确地进行调光。不过要注意的是,每个开关板只能控制一个回路,如果有多条回路,可能会使房间里到处都是开关板。

■调光装置的种类

●挂线盒用调光装置

●在挂线盒用配线管上配有具调光功能的装置,可进行远程调光

●台灯用调光开关

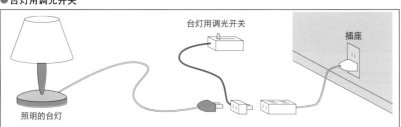

台灯用调光开关

插座

照明的台灯

非独立住宅空间的
照明设计

写字楼 / 购物店 / 餐饮店 / 公共设施 / 集合住宅

写字楼的照明设计

因可随办公桌的摆放位置变动，故办公桌被放在空间内任何地点都能得到一定亮度

point

任务环境照明

办公室不仅是工作场所，还是一天当中要呆在里面很长时间的停留空间。因此，照明设计也要从这两个方面考虑。因为整座写字楼内设置照明的场所很多，开灯的时间也比较长，所以节能和运行成本等也应该是重点考虑的因素。

最近，办公室多采用任务环境照明（参照本书100页），即整体照明、作业灯和上部灯的各种组合形式。

减弱反射眩光

人们在办公室内的工作，主要是看文件、起草文书、与人谈话、思考问题和做出决定等等。近些年来，使用电脑工作已经成为常态，边盯着发光的屏幕画面边工作的时间正在增加。

如果使用装有CRT显示器的电脑，很容易产生反射眩光现象，让电脑画面变得模糊，这是由顶棚荧光灯的照射造成的。最近，由于液晶显示器的普及，这样的问题逐渐减少。为了减弱反射眩光，可将照明灯具嵌入顶棚内，使光源不外露，或直接选用带遮光格栅的灯具。

另外，在使用电脑工作时，假如周围环境比电脑的亮度暗，这样的明暗差易使眼睛疲劳。因此，工作环境仍然有必要保持充分的亮度。

随着办公桌摆放位置变动

在办公室内，可能会经常改变办公桌等家具的摆放位置。因此，整体照明的配置必须做到，无论将办公桌放在空间内的任何地点都能得到一定亮度。至于必要的亮度，一般的事务工作应确保750lx左右；如果是更细致的视觉作业，则须增设台灯作为任务照明，以确保较高的照度。

■任务环境照明类型

● 整体照明＋任务照明

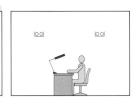

● 作业灯＋任务照明

● 整体照明＋作业灯＋任务照明

■眩光形成机制

约30度

该侧的灯光易映入

如遮光角在30度以下，并且光源外露，则易产生眩光

灯光映照电脑屏幕，工作难以进行

■照明器具的眩光抑制

● 带镜面遮光格栅

抑制眩光的能力最强

● 带全方位型白色遮光格栅

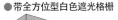

充分抑制眩光

● 带光扩散板・带棱镜面板

充分抑制眩光

● 朝下开放型

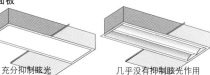

几乎没有抑制眩光作用

● 光源外露型・富士型

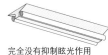

完全没有抑制眩光作用

■照明配置

● 办公室布局例（平面图）

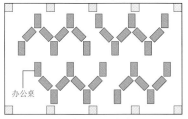

办公桌

● 设想到办公桌等家具可能的变动

● 荧光灯的配置（顶棚平面布置图）

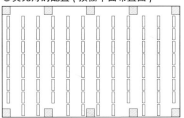

● 不受办公桌摆放地点改变影响的荧光灯配置

绿色采购法与照明

绿色采购法依照《环保物品判断标准》选择光源和
照明器具

point

关于绿色采购法

日本 2001 年施行的《绿色采购法（关于推进公共部门采用环保物品等的法律）》规定，政府机关等公共部门负有绿色采购的义务，并要求地方公共团体、民间事业单位和国民亦应尽量实行绿色采购。尽管是一部法律，但其中并无罚则。

所谓绿色采购，系指在选择商品时，不仅关注其品质和价格，还要考虑其是不是环境负荷小的产品。虽然只是政府机关负有此项义务，但是随着环保意识的增强，最近地方公共团体和民营企业等也开始主动按照《绿色采购法》的要求去做。

具体说来，在采购时要确认以下几点。

①减少污染环境的物质等、②节能和省资源、③自然资源的可持续利用、④长期使用性、⑤再利用的可能性、⑥循环利用的可能性、⑦再生材料等

的利用、⑧处理·处分的方便性

此外，不局限于商品的采购，与环保有关的各项活动亦应作为关注的对象。其中包括①引入环境管理系统、②与环保有关的组织架构和③公开环保信息等要素。

照明也被列入绿色采购对象品目

在列为绿色采购对象的品目中，也包括照明类商品。然而，这并非要排除根据现有标准认定的商品，而是将《绿色采购法》作为指导方针，并依照《环保物品判断标准》选择光源和照明灯具。

选择光源，要看光源效率是否高和寿命长；选择照明灯具，则应考虑能源利用效率的高低。而且，在照明设计中，应该充分利用昼光和引入照度人感传感器。

各家厂商多半都在依据该判断标准构建自己的产品系列，在采取节能对策时，可将其作为参考。

■绿色采购对象品目一览

- ●印刷・信息用纸
- ●纸巾
- ●照明灯具
- ●办公家具
- ●制服・工作装・作业服

- ●复印机・打字机・传真机
- ●电脑
- ●汽车
- ●空调机
- ●胶印服务

- ●厕纸
- ●文具・办公用品
- ●冰箱・洗衣机
- ●电视机
- ●酒店・旅馆

■适用绿色采购法的判断标准

荧光灯照明灯具

①应满足以下各项条件
　a．如用于设施或桌面台灯，其能源利用率不低于表1所列对应的分类标准
　b．如用于家庭，其能源利用率则不应低于以下数值：表中所列对应能源利用率标准乘以112/100，舍去小数点以后不足1的尾数
②不应含有超过规定值的特定化学物质。而且，含有该化学物质的相关信息能够通过网站等途径很方便地获得

●表1　荧光灯光源灯具的标准能源利用率

| 用途 | 分类 | | 标准能源利用率 [lm/W] |
	荧光灯形状	荧光灯外形尺寸	
设施用	管状或紧凑型双管式	使用长度86mm以上的荧光灯	100.8
		使用长度86mm以下的荧光灯	100.5
	紧凑型非双管式		61.6
家庭用	环状或管状	使用的荧光灯总长超过70mm(不包括使用长度20mm的荧光灯)	91.6
		使用的荧光灯总长不到70mm 或虽使用总长度超过70mm，但其中包括长度20mm的荧光灯	78.1
台灯用	管状或紧凑型		70.8

LED 照明灯具

（使用白色LED光源的吊灯、吸顶灯、壁灯、筒灯、射灯和台灯等灯具）

①固有能源利用率应符合表2所列标准
②关于显色性，其平均显色评价值Ra应在70以上
③LED组件寿命不少于40000小时
④特定化学物质含量不超过规定值。而且，该化学物质的相关信息可通过网站等很方便地获取

●表2　LED照明灯具固有能源利用率标准

光源色	固有能源利用率
昼光色 昼白色 白色	70lm／W以上
暖白色 电球色	60lm／W以上

备注　1　"光源色"系指根据JIS Z 9112的规定进行分类的荧光灯光源色
　　　2　所发光色如不属于昼光色、昼白色、白色、暖白色和电球色，则不含在本项的"LED照明灯具"中

荧光灯

（管状：长度40mm的荧光灯）

要满足以下各项条件
①应为高频启动专用型 (Hf)
②如系快速启动型或带启动装置型，应满足以下条件
　a．采用光源效率计算的能源利用率 85lm/W以上
　b．显色性的平均显色评价值 Ra80以上
　c．管径32.5(± 1.5)mm以下
　d．每件产品的平均水银封入量少于10mg
　e．设计寿命10000小时以上

出处：「環境物品等の調達の推進に関する基本方針」

写字楼照明的检修

高顶棚场所的照明检修所需人工和费用较多，在设计阶段即应向业主说明这一点

point

荧光灯的更换

办公室照明的维护，最主要的是更换荧光灯。目前，荧光灯的使用寿命几乎都在 10000 小时以上，如办公室每天开灯时间以 12 小时计，则可连续使用 27 个月。

荧光灯的所谓设计寿命，非指其达到点不亮的程度，而是指其所发出的光通已处在标准值以下的状态。多数情况下，过了寿命期虽仍可使用，但照度自然难以充分保证；而且，营造的作业环境也不会让人感到舒适。因此，也有的采取这样的方法：统一规定每个区片更换灯泡的时间，到时全部更换（参照本书 54 页）。另外，因质量不同，有的灯泡尚未达到设计寿命便已不能使用。因此，要将各类灯泡的预期寿命缩短百分之十左右。这样，就不必担心灯泡会突然不亮。

便于检修的照明设计

多数的大型写字楼，入口大厅的顶棚都很高。类似这样场所的照明检修，须由专业人员搭设脚手架或使用高空作业车进行。此外，还有一种方法是，建筑施工阶段在顶棚背面预留出专用通道，以便于从顶棚背后对照明进行检修。无论采用何种方式，都要花费一定的人工和费用。因此，在设计阶段即应向业主清楚说明这一点，使其能够理解。

如系小型写字楼，因往往每天都可进行维护，故最好不做那种需要较大规模检修作业的照明设计。

设自动升降装置的照明灯具

要减少检修的人工和费用，还有一种方法是，使用设自动升降装置的照明灯具。因可用一个开关操控灯具的升降，故作业简单而又直观，安全性也很高。

进而尚须注意灯具本身的劣化问题。由于无法从外观上准确做出判断，因此必须定期检查。

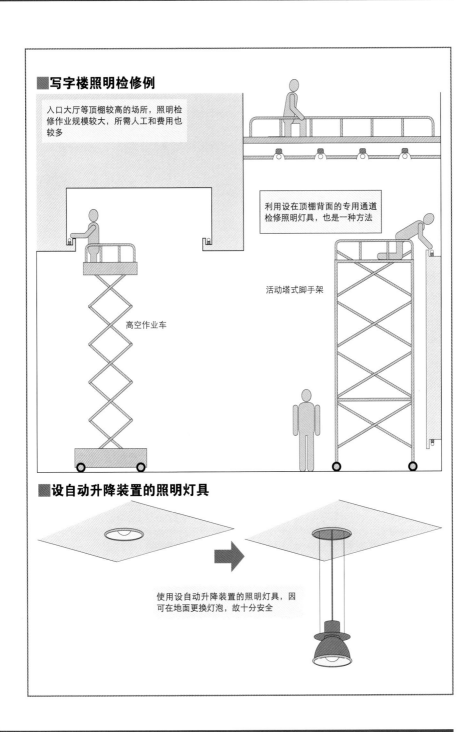

■写字楼照明检修例

入口大厅等顶棚较高的场所，照明检修作业规模较大，所需人工和费用也较多

利用设在顶棚背面的专用通道检修照明灯具，也是一种方法

活动塔式脚手架

高空作业车

■设自动升降装置的照明灯具

使用设自动升降装置的照明灯具，因可在地面更换灯泡，故十分安全

入口大厅

高顶棚的入口大厅可使用凹槽照明、檐口照明和光墙

point

入口大厅的作用

写字楼的入口大厅，相当于住宅的门厅和引道，是个让人有种回归自己领地感觉的场所。作为办公空间，自然也是一个为了更好地工作而提振精神的所在。

无论公司员工还是来访者，这里每天会有多少人出出进进。尤其上班时间、白天和下班的时候，会同时涌现许多人。因此，这里大都被设计成共享空间，除了天井设有较高的顶棚或用玻璃围成开放的空间外，还多半设有接待柜台。

通过照明渲染氛围

在高顶棚的入口大厅处，应尽量利用其空间特点，最好采用凹槽照明、檐口照明和光墙之类的间接照明方式。还要采取完全独立于整体照明之外的照明手段，保证地面的亮度，以满足安全行走的需要。但是，室内几乎都单用间接照明来确保所需的亮度，故仍可做成简约的照明设计。

尽管很多场所的照明，从清晨到深夜灯都是亮着的；但是，在主要场所，仍需使用时间继电器进行控制。至于光源，从能源利用率、亮度、使用寿命和色温等角度看，荧光灯、金属卤化物灯和 LED 等均为适宜的选择对象。关于灯具，比起那种外观醒目的类型来，则以可与建筑融为一体的最为理想。因此，不妨选用嵌入型的荧光灯和筒灯之类的灯具。此外，也有的在问讯台设标志照明以及在地面设指示照明，起到动线引导作用。

塑造出紧张感

最近，写字楼的入口大厅，设计上越来越多地表现出十足的现代感，处处显得时尚和前卫。身处这样的空间，多少会有种紧张感，灯光则起到提振精神的作用。

■入口大厅的照明

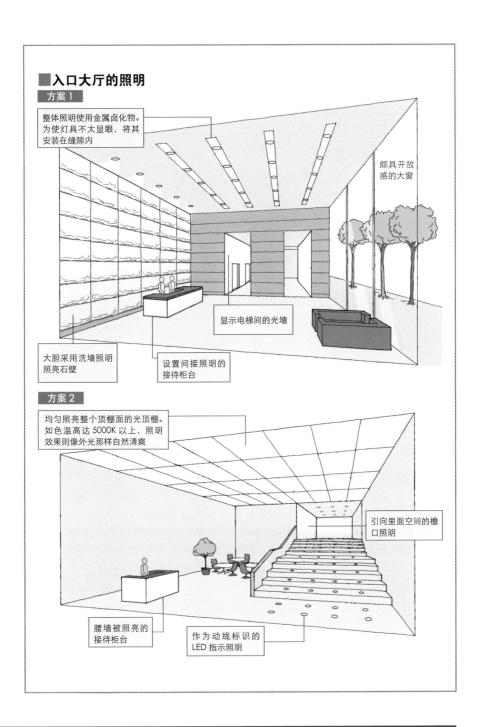

方案 1

整体照明使用金属卤化物。为使灯具不太显眼，将其安装在缝隙内

颇具开放感的大窗

大胆采用洗墙照明照亮石壁

设置间接照明的接待柜台

显示电梯间的光墙

方案 2

均匀照亮整个顶棚面的光顶棚。如色温高达 5000K 以上，照明效果则像外光那样自然清爽

引向里面空间的檐口照明

腰墙被照亮的接待柜台

作为动线标识的 LED 指示照明

办公空间

为了节省能源，尽可能减少无用的灯，并对照明的使用时间和场所进行控制

point

何谓适用于办公的照明

从工作环境和经济性等方面综合考虑，办公空间的照明多采用荧光灯光源的顶棚嵌入型灯具。最近，将照明灯具与空调机等组合成一体、采用那种功能性和装饰性均得到提高的系统顶棚的例子也越来越多。并且，还按照业主的意愿，专门选择绿色采购目录中的产品（参照本书 152 页）。

因为从早到晚，办公活动是全天最主要的工作形式，所以应使用色温5000K 左右、接近自然光的荧光灯，营造一个活跃而又清爽的空间。近来，还出现了这样的办公空间：更倾向于暖色调，使用 3000K 左右的电球色荧光灯。无论采用哪种形式，在类似编写文件那样的视觉作业中，为了不至于因长时间盯着很小的文字而使眼睛疲劳，都将照度设定为 500 ~ 750lx。不过，如视野范围内可见到光源外露的荧光灯，则会产生炫目现象。因此，要尽量选择带遮光格栅的灯具。

多种多样的节能手段

目前流行的做法是，从节能的观点出发，尽可能减少办公空间内可有可无灯具的数量。假如同一类型的荧光灯等间隔地排列在顶棚上，室内靠窗位置会有自然光照射进来，白天很明亮，即使不开灯那亮度也完全能够满足办公的需要。因此，可以将照明控制系统引入其中，在室内安装亮度传感器，靠窗处如果较亮，灯会自动关掉，或者通过调光降低其照度；到了夜间，再将亮度提高。如果能够将其与人感传感器联动配置，这样便能够做到，当夜间有少数人加班工作时，只让工作的人附近保持一定亮度，而将其他地方的灯全部关掉。

办公空间普遍采用的任务环境照明，其环境照明（Ambient）提供给办公用的亮度并不多，工作时每个职员主要依靠作为任务照明的作业灯照亮桌面的办公区域，这样的任务照明可按使用时间和场所分别控制。

■办公空间依靠传感器节能

调光信号线

根据来自控制装置的信号，灯具内置的调光用变频器会自动调光

昼光

带传感器的控制装置

亮度传感器测知反射光

来自人的热辐射

●在室外明亮的白天可降低灯光亮度。与外光结合，桌面上的照度可达 700lx 左右

●傍晚到夜间室外变暗时，调高灯光亮度

●在有少数人加班工作时，利用调光保持最小范围内的必要亮度

■分区控制方式例

白天 (8～18 时)　　　　　　夜间·早晨 (18～21 时·5～8 时)　　　　深夜 (21～5 时)

根据外光亮度开灯

为照亮室内纵深处要打开灯光

开灯照亮有人区域和靠窗处

调低整体照明的亮度

当室外天暗时，灯光照亮靠窗处

●只按照时间段和必要区域开灯或调光，以达到节能的目的

159

休憩空间

休憩空间的照明设计应该做到，当由办公空间进入
休憩空间时直观地感受到氛围的骤然改变

point

直观地感受到氛围的改变

为了提高工作效率，在写字楼中一般都设有能够转换气氛的休憩空间。休憩室多设在办公空间的一角，可供同事之间交谈或喝咖啡以及取食点心等。

与办公空间的目的集中、人员活动性工作的情形不同，休憩空间的目的在于放松身心、养精蓄锐，以利于重新投入工作。有鉴于此，照明设计也应该做到，当由办公空间进入休憩空间时直观地感受到氛围的骤然改变。一般说来，办公空间的照明，无论照度和色温都较高；而休憩空间的照度要稍稍低一些，色温亦应选择3000K左右、接近电球色的暖色调。

营造咖啡厅那样的氛围

目前比较先进的写字楼，为了激发员工的创造力，往往都将休憩空间设置成这个样子：与其说是办公空间内的休息室，莫不如说是一间咖啡厅。然而，要利用办公空间的角落大胆地辟出一个完全不同的所在，也不是件很容易的事。这时，照明则成为有效的渲染手段。

例如，安装漂亮的壁灯和吊灯，或者采用檐口照明之类的间接照明，便可表现出类似咖啡厅那样的装饰效果。至于顶棚的整体照明，尽量不用与办公空间一样的荧光灯，最好使用筒灯之类，以改变视觉上的氛围。从节能优先的观点出发，虽然不妨以电球色荧光灯作为光源，可是为了增强层次感和韵律感，如能将其与金属卤化物灯合用，则可进一步凸显轻松的气氛。

根据休憩空间的使用频度，有时设置人感传感器控制照明会有很好的节能效果。尽管营造更好的空间氛围很重要，但毕竟只是个短时间内做气氛转换的空间，完全可以不设调光装置。

■休憩空间的照明

色温 5000K

色温 3000K 左右，暖色调的电球色

荧光灯

吸顶灯

很多办公空间都采用咖啡厅式布局，组成一个安适的空间

办公空间

休憩空间

照明方式的变化也使各自的特点更加突出

工作状态

放松状态

■办公室 JIS 照度标准

空间		推荐照度［lx］	光色
办公空间	办公室	750	适中・冷色调
	设计室・制图室	1,500	适中・冷色调
	研究室・资料室	750	适中・冷色调
交流空间	接待室	500	适中・冷色调
	会议室・洽谈角	700	适中・冷色调
休憩空间	休息室・休憩角	500	暖色・适中・冷色调
	餐厅・咖啡厅	500	暖色・适中・冷色调

接待室·会议室

按各区域可分别调光和控制灯的开关布置回路。色温亦可根据使用目的改变

point

接待室和会议室的功能

写字楼里的接待室和会议室，是用于接待来访者以及进行商务洽谈的空间。如今，多数写字楼都将会议室兼作接待室，不仅接待外来的客人，也在公司内同事之间交换意见或商讨问题时使用。

至于内部格局，有的房间很大，但只摆放几张供少数人用的桌子；有的可供很多人聚集一堂，用于举办大型会议；还有的房间大小适中。

做到可调光和控制灯的开关

接待室和会议室的照明，要确保一定水平之上的均衡亮度，无论在任何一张桌子上看文件之类都不会感到困难。通常，其亮灯时的最高照度基本与办公空间相当或略低。

另外，在接待室和会议室中，还经常利用电脑屏幕和投影仪等做演示或者举行电视会议。为了适应这种情况，除将房间整体上做可调光布置外，还应将回路分配至各个区段；即使投影屏幕靠墙处，最好也能做到可调光和控制灯的开关。此外还有一种控制方法，通过让屏幕与电脑联动改变亮度的均衡。在进行调光和控制灯的开关时，很重要的一点是，应用独立于整体照明之外的灯具照亮桌面，以避免桌面暗黑一片。

增强渲染效果的要素

为增强演示的视觉冲击力，可在墙壁和顶棚上设置间接照明，以舒缓紧张感；为适应会餐或举办晚会的需要，让色温有一定变化也是有效的方法。

如色温可在 3000 ~ 5500K 范围内调节，则最为方便。

■接待室和会议室的照明

整体照明

整体照明

桌面照明

屏幕和墙板用照明

各个区段均做可调光和开关可控的设置。最好色温亦可调节

■色温的调节

●研讨会·学习会

色温
5,000 ~ 5,600K

●营造活跃的气氛

●讨论·会议

色温
4,000 ~ 4,500K

●营造清爽的气氛

●演示

色温
3,500 ~ 4,000K

●营造安静的氛围

●商务洽谈

色温
3,200 ~ 3,500K

●营造热烈的气氛

接待室和会议室的色温随着使用目的改变,则可营造出最佳氛围

写字楼的外形照明

在照明的外观设计上做足功课，不仅可提升写字楼的品位，也能为城市景观增光添色

point

写字楼外形照明的功能

写字楼外形多半都具有象征意义。假如其面向城市中心的大道，在设计上往往采用这样的形式：镶嵌着玻璃的入口大厅及其引道朝着街道开放。类似场合，如果在照明的外观设计上做足功课，不仅可提升写字楼的品位，也能为城市景观增光添色。

照亮外观的手法

在用地没有多余空间的情况下，可用地面嵌埋型上照灯照亮建筑外墙的一部分，或在外墙上设置凸显墙面质感的间接照明和线形照明等，渲染出华丽的效果。因入口周围具有引导人员流动的作用，故可使用壁灯、地面嵌埋型照明和射灯等将其上部映照得更亮些。如果楼前用地植有花草树木或设有开放空间，则可用射灯等对其塑造，并发挥间接照明那样的作用，

让在此通过的人觉得更加宽敞。

以上这些照明手法，如达到一定规模，会对城市景观产生较大影响。因此，应在确认不与当地总体规划相冲突的基础上进行设计。

超高层大厦的照明渲染

经过市中心大规模开发建成的超高层大厦，因为均系城市的标志性建筑，所以必然要成为城市景观的一部分，除了要用照明灯光向上投射外，还可用霓虹灯加以装饰。为此，在设计阶段就要先做模拟实验，并广泛征求包括地方政府在内各有关方面的意见。

另外在商业区，各具特色的灯具造型争奇斗艳，往往会给街区带来活跃的气氛。但是也要避免出现下面的情形：热衷于那种没有理念、脱离设计规范、单纯为了吸引人们眼球的灯具，一味增设被称为光害的过剩照明等等。

■写字楼外部空间主照明手法

● 直接投光

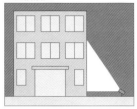

● 间接照明

● 标志性超高层建筑的轮廓照明

● 建筑轮廓照明

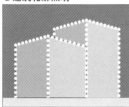

● 外墙灯·檐灯

● 室内灯

■各种照明手法的效果

● 直接投光

● 发光

● 内透光

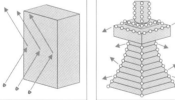
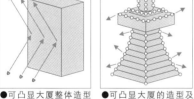

● 可凸显大厦整体造型及其细部

● 可凸显大厦的造型及其结构

● 可突出大厦的高度和存在感

■直接投光的变化

● 自地面安装灯具的向上投光

● 自立柱安装灯具的投光

● 自建筑物安装灯具的直接投光

● 自其他建筑物安装灯具的投光

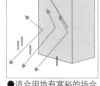

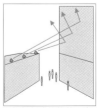

● 适合用地有富裕的场合

● 火车站大楼等，被广场立柱上的灯光照亮

● 灯具安装位置受到一定限制

● 根据与建筑物的距离，选择适合的灯具

非独立住宅空间的照明设计

购物店的照明设计

大体上应该从基础照明、重点照明和装饰照明等3个方面构想

point

3 种基本照明手法

购物店的种类很多，因其规模、顾客和商品等的不同，室内设计风格亦千差万别。这里，仅以出租店铺和小型路边店为例。

购物店的照明设计，基本上要从以下3点考虑。①确保店内最低亮度的基础（整体）照明、②照亮商品、陈列品和样品等的重点（局部）照明、③渲染店面的华丽和凸显店名的装饰照明。

如以基础照明为主，则会将店内全部照亮，烘托出空间单一的活跃气氛。这种方式多被超市、便利店和折扣店等陈列商品很多的量贩店所采用。灯具以节能效率较高的荧光灯作为光源，尤其是展示商品的陈列柜，则要用金属卤化物灯光源的射灯和洗墙照明将其照亮。

如要突出店铺的特点，则应减少基础照明的比重，增加重点照明的份额。重点照明使用的灯具，以射灯最为常见；不过，只要商品和陈列柜是固定的，也可以使用万向筒灯。此外，诸如以冷光卤素灯和小型金属卤化物作为光源的灯具，因其体积小、安装方便，也值得推荐。最近出现的以LED作为光源的筒灯和射灯，有着与白炽灯、荧光灯、卤素灯和HID相同的照度及配光，也成为照明设计上的选项。

高级商店的照明设计

对于高级商店来说，室内设计与照明器具在外观上的整合显得更加重要（参照本书178页）。因此，照明设计应该做到，被照亮的商品无论从任何角度看都很漂亮，并且构成背景的室内装饰也处在被匀称的灯光所环绕的状态；但又看不到灯具和光源在哪里。

■购物店照明手法

●荧光灯 (外露)

商品数量多
=
以基础照明
为主

可与较高的物件对应（使用例）超
市、便利店和折扣店等

●荧光灯 (隐蔽)

照亮全部空间（使用例）百货店、
超市和书店等

●筒灯

顶棚看上去很清爽（使用例）百货
店和精品店等

●筒灯 + 射灯

可让视线集中在商品上（使用例）
高级商店和宝石店等

商品数量少
=
以重点照明
为主

适合购物店的光源

了解光源的特性，便容易想象灯具造型与其结构的关系，并能够做出更好的设计

point

了解光源种类

比起住宅和写字楼来，购物店所用的光源种类更多，有时还会使用人们不太熟悉的光源。只有事先充分了解各种各样光源的特性，才能较容易地想象灯具造型与其结构的关系，做出一个效果更好、而不会失败的照明设计。

虽然选择光源的基本要点因店铺类型和商品结构的不同而各异，但关键是选择光源的平均显色评价值不低于Ra80，只有这样才能使商品的色泽和质地感得以充分展现。发热固然是一个缺点，但仍不妨采用Ra100的卤素灯等光源。除了显色评价值，还应了解相关运行成本的耗电量、使用寿命和价格等。在设计阶段，提前向客户说明，以便于制定维护方案，并可避免安装后发生纠纷。

照明的维护及其效果

设置光源时，对维护方面的关注尤为重要。不过，也不能因过于重视更换灯泡的方便而使照明效果受到影响。更换灯泡总要花点儿时间，并且也需要掌握一定的技术手段。譬如，为了将间接照明的泄光缝隙调整至最佳方向，就要以严格的尺寸制成紧凑的细部。

安装于顶棚上的筒灯，通常其高度不超过3.5m，站在梯子上触手可及。但是，因为购物店的照明往往由专业人员进行维护，所以其灯具设置高度也可能超过3.5m。当专业人员站在高空作业车或临时脚手架上做维护时，甚至可以将灯具安装在高达7～8m的天井空间顶棚上。不过，这样一来维护成本也会随着提高，应该事先向客户讲清楚。

另外，假如使用的光源种类较多，为预防灯泡突然损坏，应建议客户储存备品。

■光源的种类及其特点

	种类	配光控制	辉度	尺寸	效率	显色性	色温	寿命	基础照明	重点照明	显色照明	装饰照明
白炽灯	普通灯泡(石英灯泡)	容易	高	小	低	佳	低	短	○	○	○	○
	密封前照灯型	—	高	小	低	佳	低	短	○	○		○
	氖气灯泡	很容易	很高	很小	低	佳	低	短	○	○		○
	小型卤素灯泡(节电型)	很容易	很高	很小	比白炽灯高	佳	低	比白炽灯长	○	○	○	○
	小型卤素灯泡(低电压型)	很容易	很高	很小	比白炽灯高	佳	低い	比白炽灯长	○	○	○	○
	双端卤素灯泡	很容易	很高	很小	比白炽灯高	佳	低い	比白炽灯长	○	○	○	○
荧光灯	直管型荧光灯	稍困难	稍低	中	高	中~佳	低~高	很长	○		○	
	双管紧凑型荧光灯	容易	高	中	高	佳	低~高	很长	○	○	○	○
	4管紧凑型荧光灯	容易	高	小	高	佳	低~高	很长	○	○	○	○
	6管紧凑型荧光灯	容易	高	小	高	佳	低~高	很长	○	○	○	○
HID灯	高显色型金属卤化物灯	很容易	很高	很小	高	佳	低~高	长	○	○	○	
	普通金属卤化物灯(透明型)	容易	很高	中等	高	佳	低~高	长	○			
	高显色型高压钠灯	透明型容易	很高	很小	高	佳	低	长	○	○		○

出处:《照明手册第2版》〔欧姆社出版发行〕

■光源与被照物的适配性

	迷你型卤素灯泡				白炽灯泡				金属卤化物灯泡		
对象	小型卤素灯泡 单灯泡灯具	小型卤素灯泡 双灯泡灯具	12V短螺口	110V小型卤素灯泡(红外线过滤型)	普通灯泡(石英灯泡)	透明灯泡	密封前照灯型灯泡	反射灯泡	电球色型 3,000K	昼白色型 4,300K	昼光色型 6,000K
物品 玻璃	◎	◎	○		◎	○				◎	○
金属(金属制)	◎	◎	○		◎	○				◎	
金属(涂装)	◎	○	○		◎	○	○				
木质	○	○	○		◎	○					
木质(涂装)	○	○	○		◎	○	○				
瓷器	○	○	○		◎	◎				◎	
服饰 布料	◎	◎	○	○	◎	○					
毛线	○	○	○		◎	○					
皮革	○	○	○	○	◎	○					
皮草	○	○	○		◎	○					
食品 绿黄色系	○	○	○		◎	○				◎	
红色系	○	○	○		◎	○					
蓝色系	○	○	○		◎	○				○	
面包	○	○		○	○	○					

◎:很合适　○:合适

出处:《照明手册第2版》〔欧姆社出版发行〕

照亮商品

将购物店的商品当作舞台上的角色，突出其面容、姿态和性格，使被照亮后的商品能够展现出独有的魅力

point

照亮后更能展现其独有的魅力

如果将购物店比作戏剧的舞台，来客即为观众，室内设计就是舞台美术的一种，商品则成为戏剧里的角色。辉映着这些角色的舞台照明，用射灯的灯光将对象照得比背景更亮，突出了角色的面容、姿态和性格。真正的舞台，观众的视线主要来自一个方向；而摆放在店铺里的商品却被不同方向的视线所关注。因此照明设计必须做到，被照亮的商品无论从任何角度看都能展现出独有的魅力。

尤其在店铺中央岛式柜上集中展示的物件，应该在灯光的照射下，吸引来自周围各个方向的视线。即便如此，也并非要从四面八方投射灯光照遍所有角落，而要考虑当灯光投射到商品上时出现的阴影，通过光影交映产生的立体感，进一步凸显商品在空间中的存在。照亮岛式柜本体的灯光，则往往来自下面。

在靠墙处或格架上展示的商品，因只面对顾客视线方向，故可较容易地表现出戏剧性。不过，有时因为过于注重表演式的效果，可能会妨碍顾客直接触摸商品，所以须根据目标顾客群的定位来确定该采用什么样的设计理念以及哪种表现手法。在利用格架展示商品时，多半会将间接照明设置在背景中；只是这样一来，往往背景变得很明亮，近处的商品却得不到灯光，展现在眼前的都是商品的剪影，无法看到其独有的魅力。因此，必须另设格架照明，以确保必要的亮度。

关注紫外线和发热的影响

对于店铺里的高级商品，须注意是否会因照明的紫外线和发热而受到影响。尤其织染物最易受紫外线影响，在荧光灯长时间照射下，可能会变色。皮革制品、皮草和珍珠等，对热辐射非常敏感；此外，生鲜食品和鲜花之类也都很怕热。虽然在超市等处商品是不断流转的，但如果长时间接受较强的热辐射，生鲜食物很容易腐烂。因此，应该选择那种不产生较多热量的光源。

■照亮商品的方法

●展品的照度 (将基础照明设为 1 时)

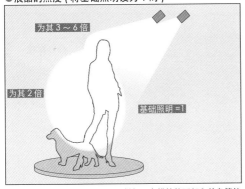

为其 3～6 倍

为其 2 倍

基础照明 =1

●在确保整体照度的基础上，用射灯照亮模特的面部和前身等处

●如系暗色商品

射灯

背景

●如系西服类套装等暗色商品，要照亮背景，以突出其造型

■配光与效果

●卤素灯光源 100W 的射灯 (在离地面 2m 处照射)

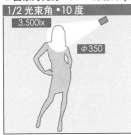

1/2 光束角 •10 度

3,500lx

Φ350

●最重要的商品做戏剧性展示

1/2 光束角 •20 度

1,500lx

Φ700

●在很普通的照度及照射范围条件下，容易使用

1/2 光束角 •30 度

750lx

Φ1200

●可全面照亮大的展品

●金属卤化物灯光源 150W 射灯 (在离地面 2m 处照射)

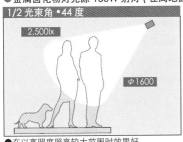

1/2 光束角 •44 度

2,500lx

Φ1600

●在以高照度照亮较大范围时效果好

为了使展示更具魅力，可分别设置有着适当配光及光量的射灯

出处：《照明基础讲座教材》((社团法人) 照明学会)

非独立住宅空间的照明设计

明暗均衡

正因为有暗的部分，才让亮的部分显得更加突出；别忘了既要利用照明突出空间的重点，又要保持空间明暗的均衡

point

关键是明暗的重点

不管店铺内有多少射灯，只要整体照明的设置遍布空间的各个角落，便会削弱特意安装的射灯突出商品的效果，让人觉得平淡无奇和朦胧一片。很多客户都希望将整个店铺照亮；但别忘了既要利用照明突出空间的重点，又要保持空间明暗的均衡。

内部装饰与亮度的适配性

明暗的感觉也会随着店内装饰的色彩而改变。内部多为白色的店铺，白色装饰可产生大量反光，只用较少的灯具照明即可得到足够的亮度。反之，大量使用暗色的店铺，因反光较少，故须使用较多的灯具照明才能感到明亮。然而，毕竟要将暗色的空间变得明亮，是件存在很多矛盾的事。因此，照明理念的构建，应以内部装饰与亮度的适配性作为基础，通过照明的渲染，设法使暗色的空间透出一丝别致的氛围。

内部装饰与色温也存在适配性问题

除了亮度，还要考虑到店铺内部装饰及商品的色调与色温的适配性问题。在摆放着许多套装的商店里，如采用色温 4000K 以上的照明结构，便很容易地突出套装特有的冷色调。另外，在店内商品多为自然色调和暖色调的情况下，照明则应采用以电球色等暖色温为主的结构，使氛围显得更温馨。

在相同的空间内，虽然尽量让色温统一看上去更舒服；可是，在由电球色构成的空间内，要想使特定商品等局部更加突出，可以将高色温的射灯仅设置在该部分。但要注意，如在多个位置使用高色温射灯，可能会让人觉得杂乱无章。

■3 种亮度

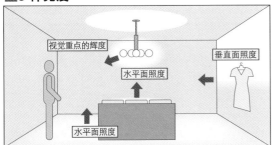

- 视觉重点的辉度
- 垂直面照度
- 水平面照度
- 水平面照度

●购物店等空间的照明渲染，基本要考虑 3 种亮度

■购物店 JIS 照度标准

●仅水平面

空间整体看上去很暗

●水平面 + 垂直面

突出亮度和广度

●水平面 + 垂直面 + 视觉重点

形成豪华的氛围

	店内整体	
	高级专卖店（贵金属、服装、艺术品等）	150～300lx
	休闲娱乐用品店（照相机、工艺品、鲜花等）	200～500lx
	日用品店（杂货、食品等）	150～500lx
	时尚店（时装、眼镜、手表等）	300～750lx
	文化用品店（家电、乐器、图书等）	500～750lx
	分类生活用品专卖店（周日木工、烹调食材等）	300～750lx
陈列重点	重要陈列点	750～1,500lx
	最重要陈列点	1,500～3,000lx

节选自 JIS Z 9110-1979

■基础照明的间距和平均照度

●朝下敞开的荧光灯灯具　　●带遮光格栅的荧光灯灯具　　●带丙烯酸树脂盖板（半面乳白色）的荧光灯　　●吸顶灯

		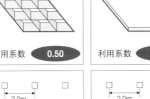	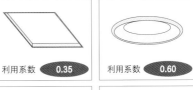
利用系数 **0.60**	利用系数 **0.50**	利用系数 **0.35**	利用系数 **0.60**
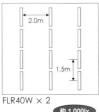	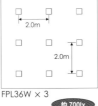	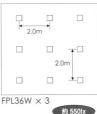	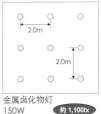
2.0m　1.5m	2.0m　2.0m	2.0m　2.0m	2.0m　2.0m
FLR40W × 2　约 **1,000lx**	FPL36W × 3　约 **700lx**	FPL36W × 3　约 **550lx**	金属卤化物灯150W　约 **1,100lx**

●可确保的照度根据基础照明使用的光源光量和间距变化

◄ ●重视照明效率
　基础照明兼作商品照明

●重视商品和空间的渲染效果
兼顾渲染商品的照明和渲染空间的照明 ►

出处:《照明基础讲座教材》（[社团法人]照明学会）

非独立住宅空间的照明设计

展示照明

因为室外光和反光照到玻璃面上，往往使橱窗里面的东西看不清，所以要有充分的亮度

point

确保充分的亮度

多数店铺的橱窗都面向大街和公共道路，在一个大玻璃箱似的空间里展示各种商品。这样的箱式空间并未完全封闭，多半都将其制成可越过橱窗看见店内状况的形式。

在照明设计上要注意以下两点。

①橱窗内应确保充分的亮度，以防止因外光和对面建筑物反射灯光照到玻璃面上而难以看清橱窗内展示的商品

②橱窗内展示的商品，每个月份或不同季节都可能更换，因此照明设计亦要做到可与之灵活对应

主要靠射灯

橱窗照明的设计，通常都在顶棚靠窗一侧留出缝隙，将轨道置于其间，然后再接上射灯。这种场合，应该能够自由改变射灯的数量和安装位置。虽然也与展示区的面积和进深有关，可是只要能将射灯安装在底面上，并且在左右墙壁上预先设置轨道，灯光便可以从不同的位置投射过来。进而还应预设多个电源插座，以使照明能够与展示物一一对应。

充分发挥建筑化照明的作用

靠墙商品的展示照明应设法做到，不仅可将顾客的视线引向店铺的深处，还能完全展现出商品的魅力。作为一种手法，为使空间看上去更清爽，应发挥建筑化照明的作用，有时还应采用照明与家具的组合形式构成建筑化照明。

射灯的光源多采用冷光卤素灯；但其强烈的亮光也很刺眼，因而有时也使用小型金属卤化物灯。此外，还可以将 LED 和荧光灯搭配起来使用。

■展示物的照明渲染

●橱窗

利用筒灯和洗墙照明等确保空间整体及背景具有充分的亮度

注意室外光和对面建筑物灯光反射的影响

用射灯渲染

在高顶棚、小进深的场合，也可以用两侧射灯照亮

用射灯自下而上地照射也是有效的方法

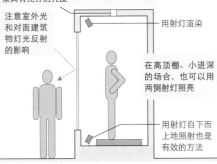

●玻璃橱窗

如系很高的玻璃柜，射灯灯光从吊挂位置照射过来，玻璃面上辉映出灯具的影子，并产生眩光

如系顶面镶嵌玻璃的陈列柜，当灯光从顾客头顶的天花板上照射过来时，玻璃面上会映出灯具的影子，并产生眩光

■采用建筑化照明的展示

●顶棚内翻型	●檐口照明型	●均衡照明型	●向上投光型
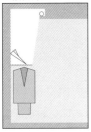	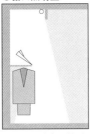		
●可照亮墙壁上部。须另设商品照明	●若灯具稍离开墙壁，连墙壁下部亦可照亮	●可同时照亮顶棚和墙壁。须另设商品照明	●可确保充分的亮度。须另设商品照明

■使用家具的照明渲染

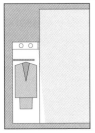	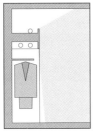		
●要充分照亮靠墙的陈列柜	●使用陈列柜上部，用上部光照亮	●亦可用上部光照亮陈列柜内部	●利用格架下部照明，使商品及墙面周围均可得到亮度

出处：《照明基础讲座教材》（（社团法人）照明学会）

便利店

通过凹槽照明、向上间接照明和洗墙照明等灯光的
渲染，使之更具开敞感和开放感

point

渲染出清爽而又热烈的氛围

在超市、杂货店、书店、郊区型或量贩式的购物中心里，一般都设有方便快捷的小店，与其面积相比，里面陈列的商品数量很多，而且价格低廉。类似这样的店铺，要通过基础照明确保整个店内的亮度，并渲染出清爽而又热烈的氛围。至于灯具，应选择具有适当辉度、适配性广的类型，让人感到顶棚面和墙面上部很明亮。

与商品相比，更注重利用其上部空间

为了消除因商品数量多、通道狭窄而产生的压迫感，如果顶棚较高，可通过凹槽照明、向上间接照明和洗墙照明灯等照亮顶棚会是有效的方法。如将空间看成立面，店内陈列商品的高度，约与人的身高相当。因此，利用上部空间进行渲染，则能够进一步突出其广度感和开放感。

让重点商品愈加醒目

店内照明的理念和设计，要符合陈列商品的特点。货架上的各类商品，可用射灯和洗墙照明投光，往往可使重点商品愈加醒目。此时的基础照明，可使用荧光灯或金属卤化物灯，做有规律的配置。

如将色温统一设为 3000K 左右，便营造出温馨的氛围；如提高到 5000K 左右，则更加明亮，使氛围变得很清新。照度主要保证整体亮度，至于需要凸显的部分，可集中使用射灯作为重点照明，使其照度达到其余部分的两倍左右。

不仅地面、墙壁和商品的亮度，连灯具本体外观的亮度也对空间印象产生一定影响。尽管炫目的灯光会让人感到不快，但在便利店中，即使自身发亮的灯具，也是形成热烈氛围的一种因素。

▊便利店的照明渲染

●照亮墙壁上部
在将顾客吸引到店内深处
的同时，也让人感到空间
更宽敞

●基础照明
有规律场地配置辉度适
当的灯具

●重点照明
有吸引人步入店内
的作用

●重点照明
使特定商品愈加醒
目

●照亮立柱上部
如卖场面积较大，垂直面
照明变得更加重要

在墙边设置洗墙灯
和檐口照明，或以
兼用于商品展示的
射灯等进行渲染，
便可很容易地看清
空间深处，具有将
人吸引到店内来的
效果

在通道一侧所做的展示　　　　　　　　立柱　　　　墙面

▊洗墙照明的效果

●使用前

●使用后

●因可使空间产生广度感和开放感，故适用于商品数量多的便利店

▊洗墙照明的不同类型

●专用型

使用荧光灯具和紧凑型荧光
灯具大范围照亮摆放在墙面
处的商品

●基础照明兼用型

使用白炽灯具和紧凑型荧光
灯具等，在照亮底面的同时，
附带照亮商品和墙面。可与
射灯合用

●射灯型

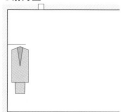

使用冷光卤素灯具和金属卤
化物灯具等，照亮商品等很
小范围，与周围形成明暗反
差

高级商品店

当照明器具外露时，其布局和外观应与室内设计形成统一感

point

注重形象的塑造

经销名牌商品、贵金属和宝石饰品的高级精品店，与其店内面积相比，陈列的商品数量要少些。并且，要配置各种各样的家具，占用一定空间摆放模特之类的展示品，还应有可供客人休息的沙发等。展示品也不局限于商品，用艺术品或照片之类进行装饰的也不少。类似这样的店铺，客人进来不只是看商品，也在根据展示和内装的效果对这家店的品牌形象做出自己的评价。

经销高级商品的店内照明设计，除要使商品显得十分华丽外，具有塑造店内形象的意识也很重要。尤其高级品牌店那样的地方，当照明灯具外露时，其布局和外观应与室内设计形成统一感。在使用间接照明的场合，只能突出优美的灯光效果，丝毫不可显露出灯具和光源。

渲染出豪华感

经销高级商品的店铺，不一定需要基础照明，主要考虑如何照亮商品和展示物。然后，再将用于环境的间接照明及建筑化照明、富有个性的装饰照明以及凸显商品特色的重点照明等搭配在一起。此外，内藏照明装置的家具和展示架上的格架照明也能够提高店内的亮度。只要做到以上这些，便会产生明暗对比强烈的照明效果，以戏剧性的氛围渲染出更明显的豪华感。

如将小型灯具设在展示贵金属制品等的玻璃陈列柜内，则可进一步凸显商品的美感。至于光源，以使用低压卤素灯和 LED 较为方便。要注意的是，皮革制品、皮草和珍珠之类易受光源发出的热量和紫外线的影响。

▉经销高级商品的店铺照明

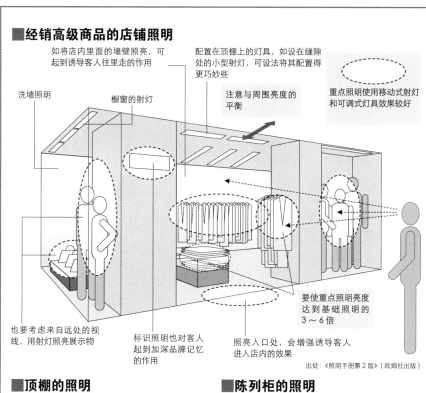

如将店内里面的墙壁照亮，可起到诱导客人往里走的作用

配置在顶棚上的灯具，如设在缝隙处的小型射灯，可设法将其配置得更巧妙些

重点照明使用移动式射灯和可调式灯具效果较好

洗墙照明

橱窗的射灯

注意与周围亮度的平衡

也要考虑来自远处的视线，用射灯照亮展示物

标识照明也对客人起到加深品牌记忆的作用

照亮入口处，会增强诱导客人进入店内的效果

要使重点照明亮度达到基础照明的3～6倍

出处：《照明手册第2版》（欧姆社出版）

▉顶棚的照明

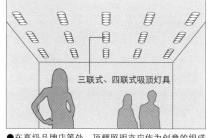

三联式、四联式吸顶灯具

● 在高级品牌店等处，顶棚照明亦应作为创意的组成部分来设计

▉陈列柜的照明

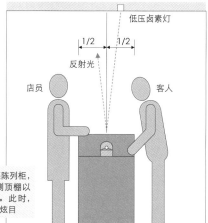

低压卤素灯

1/2 1/2

反射光

店员

客人

如系自上而下照亮陈列柜，灯光应从客人一侧顶棚以小角度投射下来。此时，要注意反射光是否炫目

餐饮店的照明设计

3个要点是，食物看上去很美味、坐在桌前的客人面容清晰可见、空间氛围舒适怡人

point

与住宅的餐厅别无二致

餐饮店的照明设计，重要的是做到以下3点：①食物看上去很美味、②坐在桌前的客人面容清晰可见和③空间氛围舒适怡人。可将与住宅的餐厅别无二致作为设计的基本出发点（参照本书78页）。但是，往往还要根据各家店的日本、中国、法国和意大利等不同风格，对店内装饰做有个性的渲染。此时，亦应设法使照明风格与饮食店内装的特点一致。

对桌面的渲染

为使桌面上的菜肴看上去很美味，关键是要选择显色性好的光源。其中，最适宜的光源是平均显色评价值 Ra100 的白炽灯。当然亦可使用节能效果好的暖色调荧光灯；但因其显色性较差，而且灯具大都不能调光，故对于餐饮店来说不能算是最佳选择。虽然快餐店和咖啡店采用暖色调荧光灯的日渐增加，但其中有不少在亮度、色温和显色性的组合上都显得很不自然。

最近，有许多餐饮店已不再采用自己国家传统形式上的内装和餐具，因此照明设计及其表现手法应该是什么样子也不能一概而论。不过，照亮桌面上菜肴的灯光最重要，在这一点上却存在共识。

营造店内氛围

除了照亮桌面的灯光之外，只要是渲染效果与该店理念相符的光源，均可自由选择。但是，不能将色温参差不齐的光源混合布置在同一空间内。通常情况下，如店内灯光系以 3000K 以下的低色温构成，可营造出温馨的氛围，易给客人留下舒适悠闲的印象。那种看上去很豪华的餐饮店也是一样，如采用低色温的灯光照明，并通过调光对照度做细微调节，便可营造出令人心情愉快的氛围。

■餐饮店使用的灯具

●筒灯
白炽灯、小型氪灯泡

●壁灯
白炽灯、小型氪灯泡

●间接照明用荧光灯
无缝连接管状灯等 色温
2500 ～ 3000K

●无遮光罩型荧光灯
FHF32W

●间接照明用白炽灯
小型氪灯泡×4

●吊灯
白炽灯、小型氪灯泡

适于照亮桌面的灯具

●万向筒灯
冷光卤素灯

●射灯
冷光卤素灯

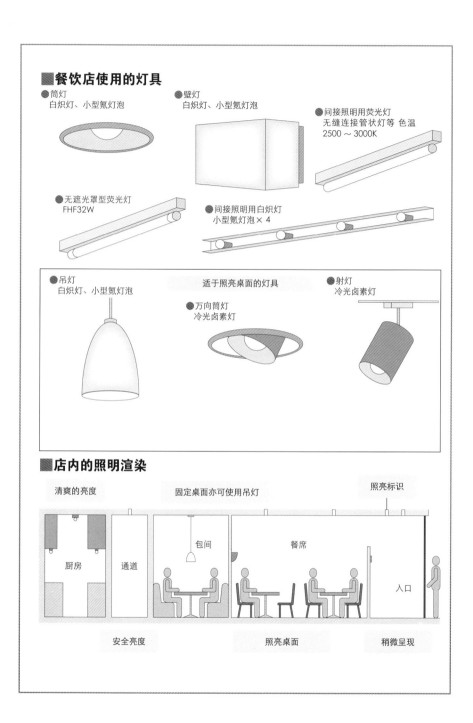

■店内的照明渲染

清爽的亮度

固定桌面亦可使用吊灯

照亮标识

包间

餐席

厨房

通道

入口

安全亮度

照亮桌面

稍微呈现

非独立住宅空间的照明设计

181

餐馆的照明

由于客人停留时间较长，因此不仅环境应该令人心情愉悦，而且视线所及之处的照明渲染也要做到百看不厌

point

重视留给客人好心情

因为餐馆的营业高峰时间在夜晚，所以要将晚间的灯光效果作为照明设计的重点。由于客人停留时间较长，因此不仅环境应该令人心情愉悦，而且还要使店内的关键所在有些变化，最好照明效果能达到视线所及之处百看不厌的程度。

作为照明手法，如用筒灯照亮桌面，则配光范围狭窄的灯具更易突出空间的重点，并很容易留给人非常豪华的印象；而桌面柔和的反光，也能够将桌边人的面孔映照得清清楚楚。假如使用配光范围广的筒灯，空间整体的明亮氛围又会使人感到轻松自在。

在一些特别的就餐场合，要想营造亲密的气氛，可使用吊灯照亮桌面。此时，灯具悬挂在位置不变的固定餐桌上方，距桌面高度以 600 ~ 800mm 为宜。如果餐桌位置是变动的，则应将吊灯与餐桌位置错开，不要让灯具造成妨碍。

那种并不一定需要整体照明而且有着特别和谐氛围的餐馆，最好适当控制光源的照度。因为单靠桌面、墙面和间接照明等的灯光就足够了。还有一点也很重要，每台灯具均应选择可调光的类型。这样便能够随着昼明夜暗进行调节，在与不同时间段对应的同时，营造的氛围也显得更自然。

开放式厨房的照明渲染

开放式厨房的作用，可视为是供客人观赏的舞台。因此，其照明的亮度也往往被设置得很高。不过，若与店内亮度的反差过大，则可能游离于店内整体氛围之外。其中，灯光要重点照清楚显示食材魅力的部分、厨房内的各种摆设和操作台表面等；而整体上的亮度则可以适当降低。

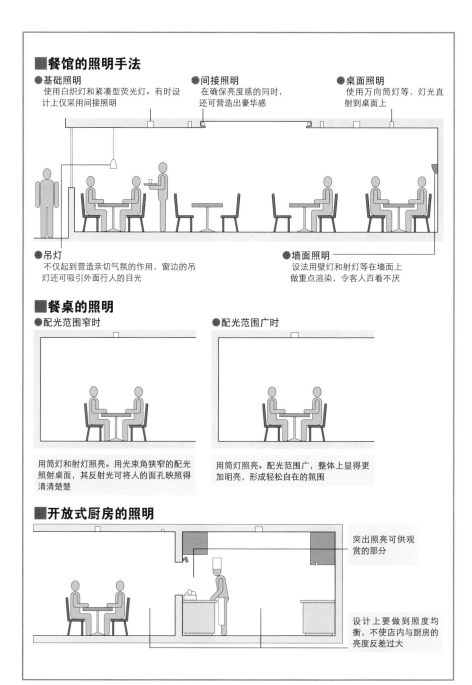

■餐馆的照明手法

●基础照明
使用白炽灯和紧凑型荧光灯。有时设计上仅采用间接照明

●间接照明
在确保亮度感的同时，还可营造出豪华感

●桌面照明
使用万向筒灯等，灯光直射到桌面上

●吊灯
不仅起到营造亲切气氛的作用，窗边的吊灯还可吸引外面行人的目光

●墙面照明
设法用壁灯和射灯等在墙面上做重点渲染，令客人百看不厌

■餐桌的照明

●配光范围窄时

用筒灯和射灯照亮。用光束角狭窄的配光照射桌面，其反射光可将人的面孔映照得清清楚楚

●配光范围广时

用筒灯照亮。配光范围广，整体上显得更加明亮，形成轻松自在的氛围

■开放式厨房的照明

突出照亮可供观赏的部分

设计上要做到照度均衡，不使店内与厨房的亮度反差过大

非独立住宅空间的照明设计

183

咖啡馆和酒吧的照明

咖啡馆的照明设计要利用自然光。酒吧怡人的空间氛围应胜过其功能

point

咖啡馆的照明

咖啡馆的照明，基本上应以营造出可让人身心放松的空间作为目标。咖啡馆的营业从上午开始到夜间，有的直到深夜，多数中间不休息，营业时间很长。由于中午自窗外投入的自然光亮度远远胜过人工照明，因此应该充分利用自然光来营造怡人的空间。不过，墙面的照明以及造型独特的吊灯等发光要素，作为给昼间店内提供亮度的方法也很重要，假如设计不到位，仍会使店内稍显阴暗。

作为夜间照明，应将灯具配置在桌面上方、要重点渲染的墙面、展示物周围和动线的关键处等。整体照明并非必不可少，单靠桌面、墙面和展示物上的反射光，所得到的亮度便可满足需要。为使光环境可与白天、傍晚和夜间等不同亮度状况相对应，应选用调光灯具，以维持照度的均衡。

酒吧的照明

酒吧照明应将吧台作为主要渲染对象，注重客人坐在吧台边和从桌边眺望吧台这两种情形下的视线。光顾的客人被设定为每次人数很少的1～2位，通过光影的渲染营造某种私密氛围。由于这里也是客人长时间逗留的场所，因此要设法使客人从座位上看到的场面印象深刻，达到百看不厌的程度。尤其吧台里面的酒架和展示物，最适合用间接照明将其渲染成令人赏心悦目之处。另外，重视酒吧怡人的空间氛围应胜过其功能。因此，一定要通过戏剧性的渲染手段提升室内设计的效果。

采用间接照明和落地式照明，当然是有效的手段。然而，用配光范围窄的卤素射灯等进行渲染，则可凸显出明暗的对比，也很适于营造不寻常的氛围。

■咖啡馆照明例

照亮绘画的重点照明

即使从窗外投进自然光，筒灯以及照亮绘画的重点照明对于塑造店内的鲜明形象仍很重要

远离窗户的一侧，可使用兼作空间渲染的间接照明照亮

■酒吧照明例

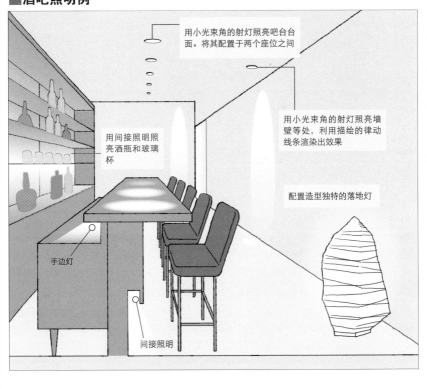

用小光束角的射灯照亮吧台台面。将其配置于两个座位之间

用小光束角的射灯照亮墙壁等处，利用描绘的律动线条渲染出效果

用间接照明照亮酒瓶和玻璃杯

配置造型独特的落地灯

手边灯

间接照明

诊所的照明

因前来看病的患者多怀有忐忑不安的心理，故在灯光的渲染上要设法起到减轻他们病痛的作用

point

照明功能与减轻病痛作用的对立

诊所中需要配置与诊察病人的目的相适应的功能性照明；但从另一个角度看，因前来看病的患者多怀有忐忑不安的心理，故还应设法利用灯光的渲染效果减轻他们的病痛。

室内照明，基本上是以配光广的灯具照亮地面和垂直面，避免出现不均匀的光和暗黑的角落。白天若有自然光进入室内，可用百叶窗等将光线调整到不炫目的程度。由于来诊所就医的患者大多是老龄者，从安全方面考虑，让人觉得室内很明亮也是很重要的。

入口处的照度应控制在300～750lx左右。这样，从外面一进入室内才不会觉得很暗。也可以用洗墙灯等照亮墙面。挂号处和候诊室的地面及墙面均应照亮，使空间更具开放感。若想使营造的氛围稍显安定些，则可使用暖白色荧光灯。

诊室和病房的照明

在诊所中，可用荧光灯作为基础照明，照亮室内的各个角落。另外，考虑到患者要经常仰卧在床上，应采用带乳白色遮光板的灯具，以防止灯光刺眼。如与任务照明并用，也可以使用凹槽照明之类的间接照明。在病房里，患者有时躺在床上，有时坐起上半身，姿势多种多样；而且，往往排列着数张病床。考虑到这些情况，必须选择最合适的灯具，并做最佳配置，在满足功能性要求的同时，又可避免产生讨厌的眩光。

牙科和精神科的照明

牙科和精神科的候诊室，通常都将重点放在设法让患者身心更放松上。这种场合，可使用住宅那样柔和的灯光加以渲染，让人感到很温馨。光源除暖白色荧光灯外，亦可合并使用白炽灯泡，或增设置落地式照明等，使营造的氛围如同在家里一样。

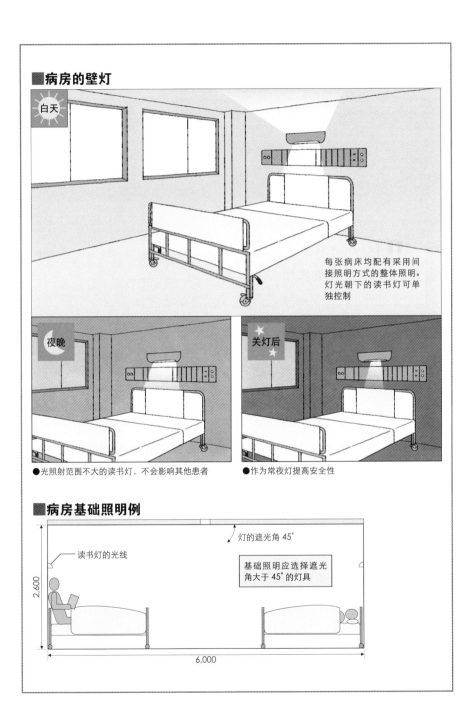

■病房的壁灯

白天

每张病床均配有采用间接照明方式的整体照明。灯光朝下的读书灯可单独控制

夜晚

关灯后

●光照射范围不大的读书灯，不会影响其他患者

●作为常夜灯提高安全性

■病房基础照明例

灯的遮光角 45°

读书灯的光线

基础照明应选择遮光角大于 45° 的灯具

2,600

6,000

美术馆的照明

在充分表现展品的色彩、质地和立体感等的同时，
还应注意光源中的紫外线和红外线可能对展品造成
的影响

point

真实表现展品的色彩和质地

美术馆的照明，要真实表现展示作品的色彩和质地，使其看上去具有立体感。而且还必须做到，不因发自光源的紫外线和红外线的影响而对作品造成损伤。要真实表现作品的色彩和质地，则应尽可能地使用显色性高的光源。主要有白炽灯泡、荧光灯和金属卤素灯等。

只要能对紫外线和红外线采取有效措施，便建议引入自然光。这样，可以营造更加舒适的观赏环境。

灵活对应展示内容

美术馆内的展示内容及其布局，会随着展出计划变更。因此，照明设计也要做到可灵活应对。一般情况下，多采用轨道照明方式，以射灯和洗墙灯进行照明。究竟应该将何种灯具作为最佳选择以及光源和色温等如何设定，亦因展示内容而各异，所以要预设可与各种各样灯具适配的系统。另外，由于照度的控制十分重要，因此必须设有调光装置。

照亮作品的效果固然很重要，但是也不可忽视照明必须确保观赏者能够看清楚。应该避免出现以下情形：观赏者身影落在展示物上、未注意到光源的刺眼程度、因照明反光无法看清玻璃展柜内的作品等等。

紫外线和红外线的照度规定

关于紫外线和红外线对展示作品的影响，可通过 JIS 之类的照度标准加以确认。像日本画那样的展品，较容易受到紫外线和红外线的影响，应降低其展示照度。虽然规模较大的光纤照明所使用的设备价格昂贵，但因几乎没有紫外线和红外线的辐射，故对美术馆来说仍然适用。LED 也几乎不发出紫外线和红外线，只要是具有 Ra90 以上高显色性的可调光灯具，便可以采用。

■展示物与照明的位置关系
●暴露展示作品时

好例

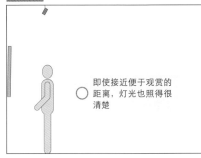

即使接近便于观赏的距离，灯光也照得很清楚

差例

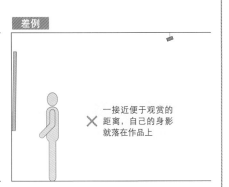

一接近便于观赏的距离，自己的身影就落在作品上

●隔着玻璃展示作品时

差例

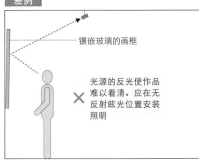

镶嵌玻璃的画框

光源的反光使作品难以看清。应在无反射眩光位置安装照明

差例

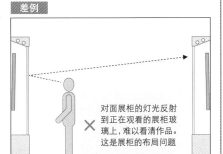

对面展柜的灯光反射到正在观看的展柜玻璃上，难以看清作品。这是展柜的布局问题

■各类展示作品 JIS 照度标准

| | 因照度高低而易受影响的程度 | | |
	非常易受影响	易受影响	不易受影响
绘画	水彩画、素描画、胶画颜料绘制作品	油画、彩画	—
布料	织物	—	—
纸张	印刷品、壁纸、邮票	—	—
皮革	染织皮革	天然皮革	—
木材	—	木制品、漆器	—
其他	—	兽角、象牙	石制品、宝石、金属、玻璃、陶瓷制器
照度 [lx]	150～300	300～750	750～1,000

■光纤照明

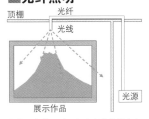

顶棚　光纤

光线

光源

展示作品

●在照亮作品时不必考虑紫外线和红外线影响的问题。而且，因能够很容易地改变照射方向，故亦便于灵活应对布局的变更

非独立住宅空间的照明设计

189

工厂的照明

设计时，要考虑照度适当、照度分布均衡度较高、少见讨厌的眩光和节能性好等

point

与写字楼办公空间相同

工厂的照明，应满足确保安全性、构建舒适作业环境和提高生产效率等要求。提高照度，可减少作业中的事故，并且有减轻疲劳的作用。工厂的光环境，基本上可考虑采用写字楼办公空间（参照本书 158 页）那样的营造方式。应该注意的要点是,照度适当、照度分布均衡度较高、少见讨厌的眩光、色温及显色性、节能效果以及与自然光的平衡等。照度标准可依据 JIS 的规定。

高效荧光灯和 HID 灯

工厂的厂房，多半都是体育场那样的大空间。因此，在需要充足照度的情况下，应设置多个高亮度的大功率照明。当然，这样一来消耗的电量就多些，电费也将增加。

使用的光源，多系高效荧光灯和

400W 以上的 HID 灯之类。这些灯具虽然寿命很长，但是因安装高度大都在 6m 以上，人站在梯子上也难以够到，故在进行更换灯泡之类的维护作业时很麻烦。而且，由于 HID 灯具自身的售价不菲，因此运行成本也将相应增加。

可否采用 LED

主要用于工厂的光源，HID 灯和荧光灯的照明效率均为 80 ~ 110lm/W 的样子。与此相比，新型 LED 中最高效的灯具，也可达到 80 ~ 110lm/W 的程度，照明效率并不差。

LED 的寿命为 HID 的 4 倍左右，如果引进的话，因更换灯泡的方便程度及费用、灯具自身成本等的缘故，可以预见到，其运行成本定会大幅降低。在 LED 照明的照度不断提高、成本逐渐下降的今天，更加快了其进入工厂照明领域的步伐。

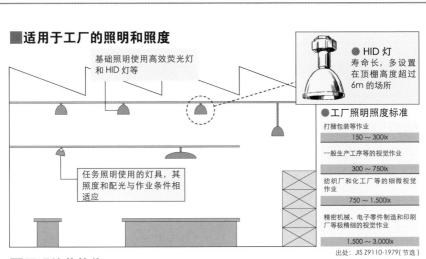

■适用于工厂的照明和照度

基础照明使用高效荧光灯和 HID 灯等

● HID 灯
寿命长，多设置在顶棚高度超过 6m 的场所

任务照明使用的灯具，其照度和配光与作业条件相适应

● 工厂照明照度标准

打捆包装等作业
150 ～ 300lx

一般生产工序等的视觉作业
300 ～ 750lx

纺织厂和化工厂等的细微视觉作业
750 ～ 1,500lx

精密机械、电子零件制造和印刷厂等极精细的视觉作业
1,500 ～ 3,000lx

出处：JIS Z9110-1979(节选)

■照明的节能化

以均匀的亮度照亮整个空间

500lx　500lx　500lx
●用于普通仓库和资材堆放场

照明随着作业内容改变

●基础照明

250lx
●用于普通仓库和资材堆放场

●基础照明 + 任务照明

500lx
●用于输送和组装等较大作业场地

●基础照明 + 任务照明

1,000lx
●在检查或狭窄作业场地需要高照度时使用

节选自松下电工产品样本

■光源种类及其特点

	种类	功率 [W]	优点 / 缺点	适用工厂、场所
荧光灯	普通型白色	6 ～ 110	高效率、低辉度	一般工厂 (中低顶棚)
	3 基色	10 ～ 110	效率较高、显色性好	注重环境工厂 (中低顶棚)
	防褪色用	20 ～ 40	褪色少	染料、涂料和油墨等场所
	色彩评价用		显色性极佳	印刷、染色和涂料工厂
	Hf(高频灯专用)	32 (45) 50 (65)	荧光灯中效率最高、显色性最佳者	整个工厂 (低顶棚)
HID 灯	水银灯 荧光水银灯	40 ～ 2,000	有长寿命、大光束型	一般工厂 (中高顶棚)
	光反射型	100 ～ 1,000	很少因落灰而使亮度降低	户外投光、易脏场所
	镇流器内配型	500	无须镇流器 / 效率低	主要临时使用
	金属卤化物灯 高效型	100 ～ 2,000	有高效率、大光束型	整个工厂 (中高顶棚)
	高显色型	70 ～ 400	显色性好、效率高 / 寿命稍短	注重环境工厂 (中顶棚)
	高压钠灯 高效率形	180 ～ 1,000	效率最高、寿命长 / 显色性差	不考虑显色性工厂
	显色性改善型	165 ～ 960	效率高、寿命长	一般工厂 (中高顶棚)
	高显色型	70 ～ 400	显色性好 / 寿命稍短	注重环保工厂 (频换灯泡)
灯泡	普通照明用	10 ～ 200	安装简便、价廉 / 寿命短、效率低	局部照明、突发情况用、临时用
	光反射型	40 ～ 500	安装简便 / 光控制容易 / 寿命短、效率低	局部照明、突发情况用
	卤素灯泡	35 ～ 1,500	体积小、配光控制容易 / 寿命短、效率低	局部照明、突发情况用

出处：《照明基础讲座教材》((社团法人) 照明学会)

集合住宅的入口照明

消除入口处引起人不安的阴暗感。室外空间的照明渲染则可提升建筑物的品位

point

入口的照明

集合住宅的入口处是共用部分，也是住户使用的公共空间。无论外出还是回家，住户每天都要经过这里。由于不特定的多数人来来往往，因此不仅要让人有安全感，而且清洁度也应该很高。设法消除入口处引起人不安的阴暗感，便成为照明设计上的重点。

最近，入口处被看成公寓类建筑物的脸面，可借以表现出较高的品位。越来越多的集合住宅开始关注入口处的照明设计及其渲染效果，用间接照明、枝形灯以及照亮艺术品的射灯等加以装饰。

作为入口照明的一种手法，如果同时使用整体照明和重点照明，则很容易营造出没有阴暗感、让人放心的空间。而且，只要在设计上将灯光分别投向墙壁、地面和顶棚，也会提升空间的品位。如系高顶棚的入口大厅，

一定要在顶棚和墙面设置间接照明，使其显得更加开放，从而形成热烈的气氛。反之，如顶棚较低，应将重点放在墙壁上，以尽量突出进深。

室外空间照明

照明对室外空间的适度渲染，成为可提升建筑物品位的要素。因此，除将其配置于集合住宅标识牌、绿化植物、引道、雕塑和水池等处外，还应考虑扩大照明手法的使用范围，将入口附近的墙面和挑檐等也看作可通过照明渲染氛围的要素。

设计上须注意的是，照明渲染不要影响到住户窗子一侧。譬如，当阳台的壁灯亮起来时，照到出檐的灯光可能会反射到其他住户室内，使其产生抱怨。对毗邻建筑物的影响亦应注意，一旦灯光外泄，就可能引起该建筑内住户或行人的不快。

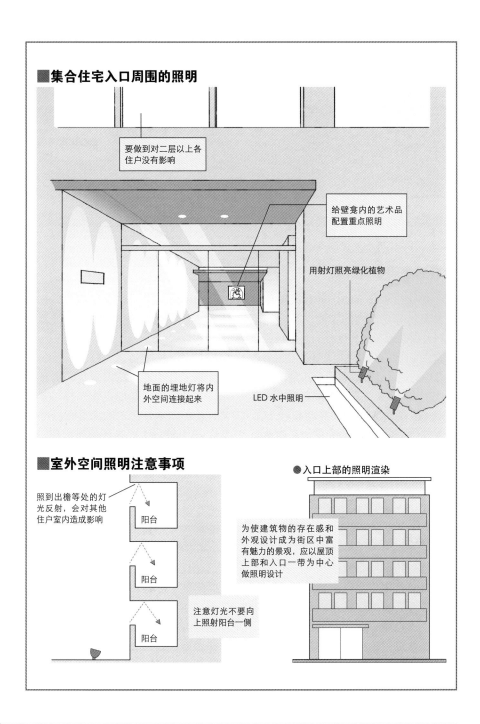

■集合住宅入口周围的照明

要做到对二层以上各住户没有影响

给壁龛内的艺术品配置重点照明

用射灯照亮绿化植物

地面的埋地灯将内外空间连接起来

LED 水中照明

■室外空间照明注意事项

照到出檐等处的灯光反射，会对其他住户室内造成影响

阳台

阳台

注意灯光不要向上照射阳台一侧

阳台

●入口上部的照明渲染

为使建筑物的存在感和外观设计成为街区中富有魅力的景观，应以屋顶上部和入口一带为中心做照明设计

紧急照明和楼梯指示灯

停电后的亮灯时间，原则上紧急照明不少于30分钟，指示灯不少于20分钟

point

设置紧急照明用灯具

集合住宅及不特定多数人使用的公共设施等建筑内的走廊，除要确保住户可放心通行的亮度外，还有必要设置紧急照明用灯具。作为紧急用照明器具选购的产品，必须符合日本建筑基准法规定的标准（适用日本建筑基准法施行令 126 条第 5 项及政府昭建告 1830号文件）。直接照明的亮度，室内地面不低于 1lx（荧光灯 2lx）；紧急用照明的电气配线，应与其他照明用回路分开，构成独立系统。而且须设预备电源，保证停电后的亮灯时间不少于 30 分钟。

灯具种类

紧急用照明灯具的种类，分为常开通道灯兼用型和仅供紧急用的专用型。两种类型的灯具均内藏蓄电池作为紧急用电源，一旦停电灯会自动开启，照亮避难通道，可确保紧急情况下的安全性。

光源种类可分为，安装在凹槽中的荧光灯外露型、荧光灯内嵌型、筒灯型、小型氪灯泡筒灯型、防潮型、防雨型和壁灯型等。在专用型中，有一种则以紧急照明专用卤素灯作为光源。

楼梯指示灯

依据日本消防法的规定，集合住宅的避难楼梯与共用走廊一样，亦应设置楼梯指示灯，并确保可在停电时亮灯 20 分钟以上。这样的指示灯，也分为常开灯兼用型和专用型。从节能角度考虑，有的紧急用照明灯具还配有传感器，通过感知是否有人来调节灯光亮度或控制灯的开闭。如避难楼梯设在室外，到了夜晚，配置的指示灯也可美化建筑物。经济性固然重要，但仍建议能将其作为景观的一部分，并据此决定灯具和光源的种类和数量以及如何配置等。

作为节能的对策，最近开发出一种发光指示板，由具有蓄光功能的高硬度石英成形板制成，引起人们的高度关注。

■紧急用照明灯具的种类

●白炽灯（卤素灯）专用型　　　　●白炽灯兼用型

平时：不开灯
紧急情况下：紧急用灯泡（内藏蓄电池）
●使用镍氢蓄电池
●内藏自动充电装置
●带检修开关

平时：白炽灯
紧急情况下：紧急用灯泡（内藏蓄电池）
●使用镍镉蓄电池
●内藏自动充电装置
● 带检修开关

●白炽灯兼用型

平时：荧光灯
紧急情况下：荧光灯（内藏蓄电池）
●使用镍氢蓄电池
●内藏自动充电装置
●带检修开关
●带充电显示装置

■带传感器的楼梯指示灯

●调光型

用传感器调光和控制开闭
的灯具，可降低电力消耗，
有节能效果。而且，也起
到减少 CO_2 排放的作用

●人在时灯亮度100%　　　　●人不在时将灯调至30%亮度

●亮灯型

●人在时灯亮度100%　　　　●人不在时关灯

■写字楼的任务环境照明

尽管设在一般顶棚上的整体照明，亦可使办公的桌面以及地面获得足够的亮度；但是作为空间仍显稍暗，并且有时会感到空间的舒适程度也差强人意（照片 1）。只要引入任务环境照明，便使顶棚面在视觉上的亮度感顿时得到提高，即使整体的照度（平均照度）略低些，亦可营造出舒适的环境（照片 2）。根据需要，可在桌面必要处运用任务照明补充之，从而达到总体上节能的目的

照片 〈1·2〉出处：山田照明 〈3〉出处：著者 〈4〉实例：調布東山病院、出处：山田照明

诊所候诊室的照明

在照明设计上采用这样的理念：营造的氛围让就诊者感到如同在自家起居室里那样舒适和放松。用檐口照明和落地灯照亮墙面，使空间显得更宽敞；筒灯的灯光很自然地标出落座的位置。与此同时，整体照明的亮度也得到保证

医院病房的照明

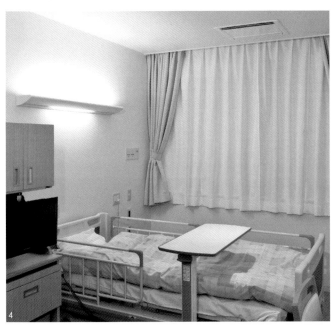

朝向顶棚的间接照明、照亮身边的任务照明和配光范围被缩狭的顶棚照明，对患者躺在床上或坐在床上时的两种姿势都照顾到了，而且又不会对同病房的其他患者造成影响，从而实现了营造舒适的功能性环境的目标

日式餐馆的照明

用筒灯照亮餐桌，整个空间的亮度来自以下几方面：以通道为中心的整体照明、墙面的檐口照明和壁灯照明。重点渲染出墙面和顶棚面装饰材的质感

酒吧的照明

因要追求非日常空间的效果，故将营造富有戏剧性的凝重氛围作为目标。吧台里面的酒架等处是渲染的重点，要通过照明凸显出它的绚丽多彩；并要真正将吧台自然照亮

用于小憩的座席，即使灯光暗些也无妨，因为挂在墙上的绘画才是照明渲染的重点，要用射灯和挂镜灯将其照亮。台灯的设置也很重要

照片〈5～9〉实例 · 出处：ホテル ニューオータニ熊本

宴会厅的照明

宴会厅的照明渲染手法多种多样，可全部用调光装置进行控制。对应被隔板分开的各个房间，要分别设置照明回路，使营造的氛围各不相同。檐口照明凸显了空间的高度和进深，渲染出豪华的氛围

以阳光做光源的零能耗照明

column

■安装后状态

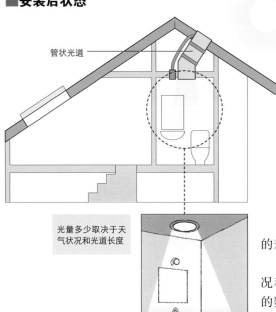

管状光道

光量多少取决于天气状况和光道长度

据日本 VELUX 主页内容编绘

通过管道反射汇集的阳光

近年来，出现一种使用管状光道将自然光引入室内的系统。除此之外，也考虑利用天窗构成该系统。其基本原理是，自屋面开口部引入的自然光先在光道内反射汇集，然后再被输入室内。为使光道能够以较高效率反射光线，其内侧被覆一层抛光成镜面的铝真空蒸发膜；加工的形状可将光的反射次数降至最低，以尽量控制光

的衰减。

虽然光量多少取决于天气状况和光道长度，但是从实际检测的数据可知，夏季晴朗日子的光量（光通），流明值约为普通白炽灯泡的 5 倍。

将阳光引入无窗空间

类似不靠外墙的狭小空间以及储藏室和步入式衣橱等从来都只能依赖照明的空间，也可以将太阳的柔和光线引入其中。此类产品大多配有专用辅助电气照明装置，以便在没有阳光的夜间也能照亮内部。

此可称为以阳光做光源的零能耗照明。

Chapter

6

光源和灯具

白炽灯泡

因体积小、重量轻、价格低和配线方法简单，故灯具外形设计容易，也可连续调光

point

白炽灯泡的构造和种类

白炽灯泡作为人工照明，是一种出现很早、并为我们所熟悉的光源。虽然还有普通灯泡、一般灯泡和石英灯泡等名称，但准确的叫法应该是"钨丝灯泡"。灯泡通常为白色，直径66mm左右。主要由玻璃球、钨丝和灯头构成。在所有光源中，白炽灯泡的结构最为简单。其发光原理是，给玻璃球里的钨丝通电，使其升温直至因白炽而发光。由于灯丝会在大气中燃烧掉，因此要在玻璃球里封入氩氮混合气体，以延长灯的寿命。

玻璃球整体上称为灯泡，其透明部分则被称为透明球。灯泡的形状多种多样，除球状和梨状外，也有灯泡本身采用小型氪气灯等类型的。

旋入插座的部分称为灯头，普通尺寸的灯头为螺接式，因其直径26mm，故亦称E26。小型氪气灯直径17mm，被称为E17。灯头形状除螺接式外，还有插接式等数种。

用于营造空间氛围十分有效

目前，白炽灯泡被广泛地应用在住宅和店铺等处。因其体积小、重量轻、价格低和配线方法简单，故灯具外形设计容易，还能连续调光（0 ~ 100%），用于营造空间氛围十分有效。加之显色性好，也适于用来渲染餐馆的料理和食材等，使其看上去很诱人。

白炽灯泡的缺点是光源效率低。而且，发热量大、空调负荷高和寿命短，灯泡更换频繁，单以节能和降低成本的观点看，明显不具优势。

截至2012年12月末，几乎所有大型厂商都已不再生产E26灯头的白炽灯泡。

白炽灯泡的构造（E26）

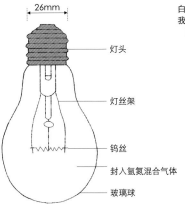

- 26mm
- 灯头
- 灯丝架
- 钨丝
- 封入氩氮混合气体
- 玻璃球

白炽灯泡是我们最熟悉的光源

白炽灯泡的特点

○显色性好、暖光色
○近似点光源、灯光易集中
○可连续调光
○开灯便捷、可瞬间点亮
○寿命终止前光量不减
×光源效率低、寿命短
×热线辐射大

白炽灯泡的种类及其外形特征

			特征	主要用途
一般照明用	一般照明用灯泡		玻璃球有白色涂装和透明型。也有玻璃球涂成蓝色的昼光型灯泡	住宅和店铺等处的一般照明
	球形灯泡		玻璃灯泡成球状，有扩散型和透明型	住宅和店铺等处用于营造氛围的照明
装饰用	橄榄形灯泡		是小型灯泡，玻璃球有扩散型和透明型。有 E17、E26 灯头	餐饮店等处的吊灯
反射型	反射型灯泡		玻璃球头部以外部分成为铝反射镜，向其对面反射灯光	店铺、工厂和看板等的投光照明
	PAR 型灯泡（光束灯泡）		集光性好。还有可切断热线的密封光束灯泡	住宅、店铺、工厂和看板等处的射光照明
卤素灯泡	小型卤素灯泡		体积小、重量轻、调光方便。玻璃球由石英或硬质玻璃制成，透明。灯头有 E11 及 2-pin	店面的射灯照明和大厅的筒灯照明
	冷光卤素灯泡（带反光镜小型卤素灯泡）		体积小、重量轻、集光性好。石英玻璃球，灯头带反射镜，有 2-pin、E11、EZ10	店面的射灯照明和筒灯照明
	投光用卤素灯泡		细长的石英外管，灯头在两端（R7 小型）	户外运动场、体育馆和高顶棚厂房等处的顶棚照明

> **一点提示** 随着整个社会都在推广节能化，截至 2012 年 12 月末，几乎所有大型厂商都已停止生产 E26 灯头的白炽灯泡

光源和灯具

卤素灯泡

卤素灯泡比一般白炽灯泡寿命长，外形尺寸小。冷光卤素灯泡更具有优异的配光性能

point

卤素灯泡的构造和特点

卤素灯泡，被包括在白炽灯泡的大类中。虽然也靠钨丝发光，但是灯泡内被封入卤素气体，这一点与普通白炽灯泡不同。

白炽灯泡的灯丝发光时，钨元素会蒸发，并附着在玻璃球内壁上使灯泡逐渐变黑。然而，卤素灯泡因具有将钨元素返回灯丝的功能（卤素循环），灯泡内不会变黑。而且，这样的功能也使灯丝不再变细，从而延长了灯泡的寿命。相对于普通白炽灯泡1000～1500小时的寿命，卤素灯泡的寿命可达3000小时左右。不过，它也有另外的一面：光源规模小和易产生高温。在配置时一定要注意。

冷光卤素灯泡

系卤素灯泡的一种，作为小型化和配光性能优异的投光用（射灯和筒灯）光源，有带分色镜的卤素灯（通称分色卤素灯）。

形状呈直径50mm左右的碗状，玻璃制的反射板（分色镜）与立式灯泡成一体结构。分色镜表面有真空蒸发镀成的多层反射膜，用以反射发自卤素灯泡的大部分可视光线，并滤掉80%的红外线。这样一来，卤素灯的高温热量几乎全部由其背后释放出去，前面发出的则是经过调控的可视光线。因此，照射对象因辐射热变形和变质的可能性也大为减少。

另外，分色镜扩散光的角度有3种类型（各家厂商标准不尽相同），即10度的窄配光、30度的宽配光和20度的中配光。它们分别适用于射灯照明、整体照明和介于二者之间的照明。冷光卤素灯作为照明光源，在购物店和餐饮店等处得到广泛应用。

■卤素循环型灯泡构造

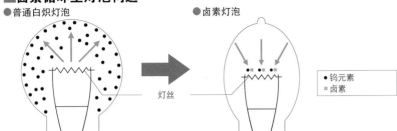

●普通白炽灯泡

●卤素灯泡

灯丝

● 钨元素
■ 卤素

灯丝发光时，钨元素蒸发，附着于玻璃球内壁。玻璃球变黑，灯泡亮度降低

卤素使蒸发的钨元素返回到灯丝上。据此，玻璃球内不会变黑，灯光亮度始终得以维持。而且，因灯丝不再变细，故亦可延长寿命

■冷光卤素灯泡

●构造

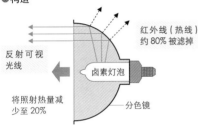

红外线（热线）约 80% 被滤掉

反射可视光线

卤素灯泡

将照射热量减少至 20%

分色镜

●种类

尺寸[mm]	35 φ	50 φ	70 φ
功率[W]	20～35	35～75	65～150
电压[V]	110	110	110
	12	12	
灯头	E11 GZ4	E11 E17 EZ10 Gu5.3	E11

外形尺寸和功率数会有变化，其中直径 35mm 的灯泡，因灯具本身也非常小，不太显眼

●光束角

如使用 100V40W(50 型) 冷光卤素灯泡

10度　　　窄配光（狭角）　　0.5 φ 430lx

20度　　　中配光（中角）　　1.1 φ 200lx

30度　　　宽配光（广角）　　1.6 φ 90lx

0m　　　　　　　　　　3m

如系 10 度的窄配光，用于射灯的效果较好；30 度的宽配光可用于整体照明；20 度的中配光适用介于二者之间的场合

如使用 12V50W 分色卤素灯泡

10度　　　　　　　　0.5 φ 1,610lx

20度　　　　　　　　1.1 φ 535lx

30度　　　　　　　　1.6 φ 245lx

0m　　　　　　　　　　3m

因 12V 卤素灯泡较亮，形成的阴影也更深，故用来照射贵金属和玻璃制品时，会发出闪烁和反光，产生更明显的渲染效果

荧光灯泡

除光源效率高外，种类和价格的选择范围也很广；
就综合性能来说，荧光灯最具优势

point

荧光灯泡的构造和特点

荧光灯泡由内侧涂有荧光体的玻璃管和安装在玻璃管两端的钨电极构成。电极上涂有被称为射级的电子放射物质，玻璃管内封入氩之类惰性气体和少量水银。

荧光灯的发光原理是，自射级放出的电子先是冲击水银原子，使其产生紫外线；紫外线射到荧光体上后，荧光体则使紫外线变成可视光线，光线再从玻璃管表面发出。

荧光灯具有以下优点：①光源效率高、②寿命长（6000 ~ 12000 小时）、③售价较低、④辉度低、不太炫目、⑤灯泡表面温度低、⑥可选择色温和⑦有的可连续调光等。缺点是，①需要镇流器、②灯泡外形尺寸略大、不适宜做细微配光控制和③易受环境温度影响等。

至于易受环境温度影响，尤其是在低温环境中，亮灯状态有时不太稳定。因此，若在户外或寒冷地区使用，选择灯具时要考虑到灯泡如何保温的问题。此外，荧光灯泡的显色性不如白炽灯泡；但也有一种高显色性的荧光灯泡，显色指数在 Ra84 以上。除此之外，在节能方面，LED 之类的光源自然更为人瞩目；然而，包括种类和价格在内的综合性能，目前却是荧光灯最具优势。

荧光灯的种类

荧光灯的形状和大小多种多样。写字楼内使用最多的是直管型，而且有管直径越来越细的趋势。目前以被称为 T8、直径 25mm 的灯管使用较多；不过，又出现了 T5（直径 16mm）的灯管，甚至还有更细的。因为采用细管有利于节省资源和空间，所以一般认为今后将会越来越普及。

此外，出于节能的目的，正在使用球形荧光灯泡替代白炽灯泡。荧光灯泡的节能效果约为白炽灯泡的 4 倍，并且最近市场还出现一种调光对应型全新品种的荧光灯泡。

■荧光灯泡的构造

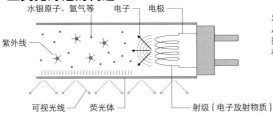

水银原子、氩气等　电子　电极

紫外线

可视光线　荧光体　射级（电子放射物质）

发光现象：
从发射极射出的电子与水银原子相撞，产生紫外线；紫外线与荧光体相遇，转变成可见光，因此发光。

■荧光灯泡的形状

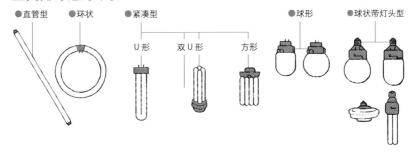

●直管型　●环状　●紧凑型　　　　　●球形　　●球状带灯头型

U 形　双 U 形　方形

■荧光灯泡的种类及其用途

		额定功率[W]	光源效率[lm/W]	色温[K]	平均显色平均值[Ra]	寿命[小时]	功率[W]	特点	用途
启动型灯泡	昼光色	38	71	6,500	77	12,000	4～40	亮度和经济性佳。显色性稍差。光色种类多	办公室、工厂和住宅一般照明昼光色显得清凉，昼白色和白色适中，暖白色和电球色温馨
	昼白色	38	78	5,000	74	12,000	10～40		
	白色	38	82	4,200	64	12,000	4～40		
	暖白色	38	79	3,500	59	12,000	20～40		
	电球色	38	75	3,000	65	12,000	20～40		
3 基色发光型（昼白色）		38	88	5,000	84	12,000	10～40	亮度和经济性佳。被照物体色彩鲜艳	舒适氛围的住宅、办公室和店铺等处的照明
球形（昼白色）		28	79	5,000	84	5,000	20～40	适用于圆形或方形灯具	住宅、工厂等的一般照明
快速启动型直管（白色）		36	83	4,200	64	12,000	20～220	亮度和经济性佳。可瞬间开启和调光	办公室和工厂等处的一般照明
球形	昼白色	17	45	5,000	83	6,000	13～17	直接代替白炽灯泡使用。光源效率高 3 倍，也有可瞬间开启者	店铺、住宅、旅馆和餐馆等处的一般照明
	电球色	17	45	2,800	82	6,000	13～21		
紧凑型（U 形、另设镇流器、昼白色）		27	57	5,000	83	6,000	18～38	小型、一端灯头（GX10g、G10g）、3 波长域发光型（电球色、昼白色）	住宅和店铺的一般照明（小功率灯泡被用作街灯和常夜灯）

光源和灯具

HID 灯泡

因外形尺寸小、亮度高，故常被用作照亮街道的户外照明以及运动设施和工厂等大空间的照明

point

HID 灯泡的种类和特点

HID（High intensity Discharge）灯也被称为高强度气体放电灯，系高压水银灯、金属卤化物灯和高压钠灯等光源的总称。光源由玻璃外管、发光内管和灯头构成，将气体充入真空状态的石英或陶瓷制内管中，再施加高电压使其放电发光。

HID 灯的优点是，与其功率相比，灯泡的外形尺寸很小，而且亮度较高。灯光方向易于调节，也是其吸引人之处。它的缺点是，或因灯具造型的缘故而让人感到炫目，其亮度达到稳定状态需要一定时间。作为用途，则多被用作照亮街道的户外照明以及运动设施和工厂等大空间的照明。

各种光源的特点

●高压水银灯

①光色稳定、寿命长；②功率值分类细；③显色性不充分；④可分级调光

●金属卤化物灯

①有高显色性类型，光源效率和显色性均佳；②光色种类多（3000～6500K）；③寿命长（但不如其他 HID 灯）；④不能调光

●高压钠灯

①光源效率非常高；②寿命长；③光色呈橙色，既有高显色性类型，也有显色性较差的类型；④可分级调光

陶瓷金属卤化物灯

在金属卤化物灯中，那种发光管系用陶瓷制成的则被称为陶瓷金属卤化物灯。即使功率为 70W、35W 或 20W，亦可将其制成与金属卤化物灯相当大小，作为一种使用便捷的高亮度小型光源，常被用于店铺照明等。

■HID 灯泡的种类及其性能

灯泡形状	高压水银灯	金属卤化物灯		高压钠灯 (高显色型)
		普通金属卤化物灯	陶瓷金属卤化物灯	
		HQI-TS	CDM-T	
代表性功率值 [W]	40、80、100、250、400、1,000	70、150、250	35、70、150	140、250、400
代表性光束 [lm]	100W / 4,200	70W / 5,500	70W / 6,600	140W / 7,000
光源效率 [lm／W]	42	78	94	50
灯泡寿命	12,000	6,000	12,000	9,000
显色性 [Ra]	14～40	80～93	81～96	85
色温 [K]	3,900 5,800	3,000 4,200 5,200	3,000 4,200	2,500
调光	分级	不能	不能	分级
售价	3,000～15000 日元	8,000～12000 日元	10000 日元左右	20000～30000 日元
其他	●显色性差 ●寿命长	●高显色	●高显色 ●光源效率高 ●寿命长	●氛围温馨 ●高显色

■与其他光源比较

种类	HID 光源	白炽灯泡 (石英灯泡)	荧光灯
光源效率	高	低	高
寿命	长	短	长
光色、显色性	因光源种类而不同	约 3000K，显色性非常好	色温和显色性种类齐全
亮度	高	高	低
配光控制	容易	比较容易 (石英灯泡非常容易)	较难

光源和灯具

LED 灯泡（发光二极管）

有以下优点：寿命长、结构紧凑、可调光、作为彩色照明性能优越

point

LED 与环境

随着人们环境意识的增强，LED（Light Emitting Diode）作为节能光源正日益受到关注。它是一种有电流通过便发光的半导体，加上电压后，因正负极结合产生能量而直接发光，效率很高。一直被用在家电的指示器和电光标示板上，此后随着蓝色发光二极管的开发以及多色化的进展，也开始作为彩色渲染的高亮度照明得到应用。

最近，其高亮度化进一步提升，色温及显色性变得更好，LED 芯片不规则的状况也得以改善，人们对其作为节能光源替代荧光灯满怀希望。荧光灯往往会排放水银等有毒物质，而 LED 的优势恰恰是不必担心这一点。

最大的优点

LED 的突出优点是：寿命长、结构紧凑、光线中几乎不含热和紫外线成分、可调光、作为彩色照明性能优越等。关于寿命，与荧光灯的 6000 ~ 12000 小时相比，LED 长达 40000 小时，为荧光灯的 3 ~ 6 倍。40000 小时的使用寿命，系指从最初的照度 100% 降至照度 70% 时的寿命，它不会像荧光灯那样到了寿命后突然熄灭。随着耗电量与亮度的关系逐渐改进，目前使用的 LED，其亮度并不亚于高效荧光灯，甚至还略胜一筹。

LED 作为颜色可自由变化的彩色照明，这是与其他光源明显不同的特点，因而也经常被用于渲染照明领域。

类似因高温造成树脂老化和寿命变短等长期的课题，正在逐步解决。而且，关于如何与管状荧光灯更换对接的问题也在研讨之中。可以说，作为一种基础照明光源，它已接近荧光灯的地位。

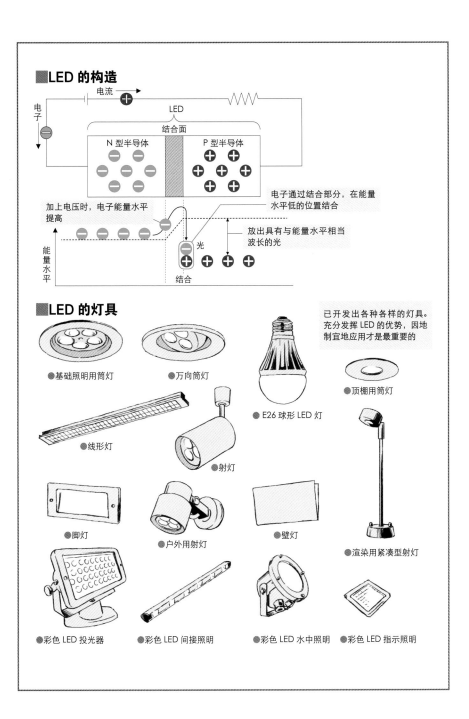

■LED 的构造

电流

电子

LED

结合面

N 型半导体

P 型半导体

加上电压时，电子能量水平提高

电子通过结合部分，在能量水平低的位置结合

放出具有与能量水平相当波长的光

能量水平

光

结合

■LED 的灯具

已开发出各种各样的灯具。充分发挥 LED 的优势，因地制宜地应用才是最重要的

●基础照明用筒灯

●万向筒灯

● E26 球形 LED 灯

●顶棚用筒灯

●线形灯

●射灯

●脚灯

●户外用射灯

●壁灯

●渲染用紧凑型射灯

●彩色 LED 投光器

●彩色 LED 间接照明

●彩色 LED 水中照明

●彩色 LED 指示照明

其他光源

EL 是一种薄板状的面发光光源，作为一般照明，今后的研发成果值得期待

point

有机 EL 与无机 EL

除白炽灯泡、荧光灯泡和 HID 灯泡之外，其他种类的光源还有不少。其中，作为新光源受到瞩目的是 EL（Electro Luminescent）。EL 是一种薄板状的面发光光源，只要将其贴在墙壁或顶棚表面，看上去就像墙壁和顶棚自身会发光一样。

EL 分为 2 种，一是在有机化合物上施加电压使其发光的有机 EL，二是电压加在无机化合物上使其发光的无机 EL。有机 EL 的发光原理类似于 LED，光源效率要比无机 EL 高。随着今后的进一步研发，除可作为一般照明用光源外，也有希望成为渲染画面效果用的光源。

另外，虽然无机 EL 能够得到较大的发光面，但在亮度和色温的种类等方面却不太尽如人意，而且寿命也较短。因此，目前只能在标识照明和店铺的装饰照明等有限的氛围内使用。不过，与有机 EL 一样，随着今后的进一步开发，也会出现各种可能性。

无电极荧光灯

无电极荧光灯，是一种采用在放电空间内不带电极开灯方式的放电光源。因为没有电极和灯丝，所以多次的开闭也不会造成消耗，寿命可长达 30000 ~ 60000 小时，并且具有与普通荧光灯相当的高效率和节能性。它适于安装在更换灯泡比较困难的高顶棚场所，分为灯泡与灯具成为一体的以及像白炽灯泡那样带 E26 灯头的等不同类型。

低压钠灯

低压钠灯系通过低压放电使钠发光。其光源效率为 175lm/W，在所有光源中最高，节能性也很好。由于只发出黄色单色光，几乎无法分辨出被照物体的颜色，因此不适合用作一般照明。不过，因其在烟雾中具有很好的透视性，常被用作道路和隧道的照明。

■EL（Electro Luminescent 电激发光）

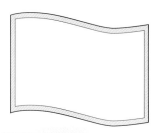

薄板状的面发光照明

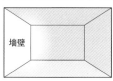

未来，说不定会让整个
顶棚面和墙面发光

■无电极荧光灯构造

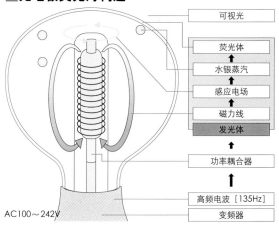

可视光

荧光体

水银蒸汽

感应电场

磁力线

发光体

功率耦合器

AC100～242V

高频电波 [135Hz]

变频器

让封入水银蒸汽的玻璃球成为高
频磁场，产生的感应电场激发其
内部的水银蒸汽。紫外线照射在
玻璃球内面涂布的荧光体上，被
转换成可视光线

注：松下永光系列

■低压钠灯

●构造

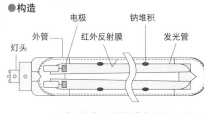

外管　　电极　　钠堆积

灯头　　红外反射膜　　发光管

因系低压放电，故放射黄色单色光。由于
该光波长接近光谱光视效率的最高值，因
此其效率为所有光源之最

●光分布

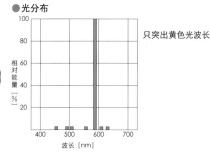

只突出黄色光波长

相对能量 [%]

波长 [nm]

变压器和镇流器

变压器系将100V电压降至更低时使用的装置。镇流器则是开启荧光灯所需要的装置

point

关于变压器

日本标准民用电压为100V，多数的光源和灯具也依据这一标准制造。然而，氙气灯以及装饰用电器照明等则为12V和24V。使用这些光源和灯具，就需要配置变压器（降压变压器），将电压从100V降至12V或24V。

具有小点光源特性的卤素灯，多为12V低电压型。一般情况下，均须另外购置变压器；但是，以低压卤素灯作为光源的射灯等，若采用轨道照明方式，会在其安装位置附近附设一个小的盒式变压器，并且几乎与灯具成为一体。此外，当采用筒灯方式时，多半都将变压器另设在顶棚内。

关于镇流器

镇流器是开启荧光灯和HID灯时必不可少的装置。由于在灯内开始放电时，电流会急剧增大，而且就这样不断增加下去，直至灯泡烧坏或电线熔断为止。因此，必须设置可保持电流恒定的回路=镇流器。因为镇流器多半都兼具开灯功能，所以通常也称为开灯回路。

镇流器一般都内藏于灯具内，并因镇流器的不同种类，开灯所需时间的长短也各异。近来成为主流的小型轻量化高频开灯回路（变频式开灯回路），则能够瞬间将灯开亮，而且效率也更高。另外，还开发出一种与Hf荧光灯组合的高频专用灯具，因提高了节能性，故被广泛采用。

除此之外，球形荧光灯因本体内部设有镇流器，故亦可用在白炽灯具上。而HID灯也几乎都要设镇流器。

■变压器与镇流器

● 12V 卤素光源射灯 　　● HID 光源射灯 　　●紧凑型荧光筒灯

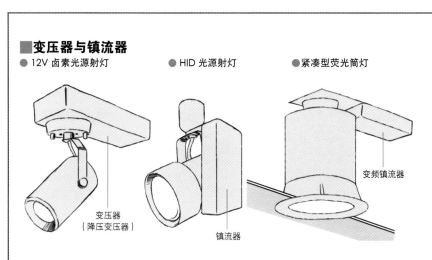

变频镇流器

变压器
(降压变压器)

镇流器

■镇流器的作用

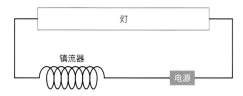

灯

镇流器

电源

当在灯内开始放电时，电流会急剧增大，而且就这样不断增加下去，直至灯泡烧坏或电线熔断为止。配置的镇流器，可阻止电流增大，并将电流维持在一定值

■球形荧光灯的构造

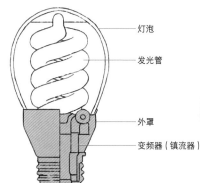

灯泡

发光管

外罩

变频器 (镇流器)

灯头

■Hf 荧光灯的标识

光源专用

贴在灯具上的标识

灯具专用

贴在光源上的标识

更换荧光灯时，如灯具左侧贴有标识，则应选择右侧贴有标识的光源。否则，将无法发挥其正常功能

照明灯具选择方法

选择照明灯具时，连配光都要从形象方面考虑

point

照明灯具的种类

照明灯具大致可分为两大类，一种以其明显的外形特征，侧重于灯具的存在感和自身造型；另一种则通过光的扩散范围和投射方向，将重点放在灯具的光量、光的方向和光的品质等方面。

前者被称为装饰灯具，如枝形灯、吊灯、吸顶灯、壁灯和台灯等。后者叫作功能灯具，如筒灯、射灯以及作为整体照明用的荧光灯等。除此之外，也可以按使用场所和用途分类。在厂商的产品样本中，大都将其分成户外用、展示用、水中用、街道灯和投光器等。

照明灯具的构造，系由光源、插头、电源线、密封用本体部件以及安装用部件等组成。在结构设计上，要考虑耐热问题，避免在通常使用时产生变形、破损和故障等。在作为商品出售之前，要做安全性和耐久性方面的检验。检验项目包括温度、电气回路、配线和防水性能等。安装灯具前，应仔细阅读产品使用说明书，了解发光部与照射对象物的距离限制等安全方面的内容。

检验配光曲线

光的扩散方式称为配光，每种灯具都有自己的特点。选择灯具时，连配光都要从形象方面考虑，这一点很重要。配光可用配光曲线图来表示，只要一看垂直面的配光曲线，便能够了解灯具的特点。因投向对象物的照度较易设定，故成为照明设计的重要参数。

假如选择筒灯、射灯和作为整体照明用的荧光灯等，不是建立在确认配光曲线的基础上，则不能确保所需要的照度。虽然落地灯和吊灯等也要确认配光曲线，但因其使用的光源多为白炽灯泡和荧光灯泡，照度很容易判定，故而厂商多半都不给出详细数据。

■照明灯具的种类

●装饰灯具

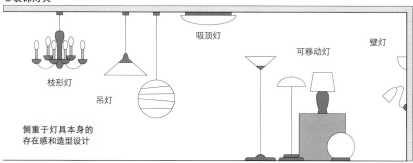

枝形灯

吊灯

吸顶灯

可移动灯

壁灯

侧重于灯具本身的
存在感和造型设计

●功能灯具

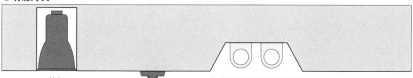

筒灯

作为整体照明用的荧光灯

侧重于光的量、方向和品质

射灯

■照明灯具的配光曲线

分类	直接照明	半直接照明	整体扩散照明	半间接照明	间接照明
上方光通 [%]	0～10	10～40	40～60	60～90	90～100
下方光通 [%]	90～100	60～90	40～60	10～40	0～10
配光曲线					
特点	使用不透明密封件。光直接照射对象物，使物体清晰可见；但阴影亦较深	使用半透明密封件，光分为直射和透过密封件射出两部分。易于表现光的扩散性	使用半透明盖板。暖色光全方位扩散。灯光柔和不炫目，亦无阴影	使用半透明密封件。透过密封件的光与墙壁及顶棚的反光组合，可渲染出气氛	使用不透明密封件，让光反射到墙壁和顶棚上。虽不炫目，但亮度低

筒灯的种类

与外观相比，更重视配光和效率等光学性能

point

筒灯的特点

　　筒灯系指这样的照明灯具：先在顶棚上开一小孔，然后以嵌入顶棚方式安装进去，用来照亮地面和墙壁。其使用的光源范围很广，包括白炽灯泡、紧凑型荧光灯、球形荧光灯、HID灯和LED等。

　　灯具的构造，由本体（内壳）、反射板、镶边、支架、电源和灯泡等组成，灯泡发出的光经反射板反射后照亮地面。反射板分为单锥型、双锥型和泡罩型等几种，灯具在开启和关闭时看上去不一样。单锥型和双锥型的反射板由铝制成，灯具本身在开灯时并不显眼，但关灯后却凸显出金属的质感。而泡罩型反射板被涂成黑白两色，开灯时辉映的白色增强了灯具的存在感；关灯后又与顶棚形成一体，不再突出。

　　筒灯的形状多呈直径75～250mm的圆形或方形，与外观相比，其性能、

即配光和效率等光学性能显得更加重要。即使灯具形状几乎一样，亦因反射板和本体的结构以及使用光源的不同，使得配光各异，而且用途也会改变。

配光的种类及效率

　　配光的种类，包括整体照明用、洗墙照明用和射灯照明用等。整体照明用的配光角度广，投向地面的照度均匀度高，被称为蝙蝠翼型，多采用双锥型反射板。此外，还有一种配光角度很广的灯具，甚至可照亮墙壁上部，照度的均匀度也很高，多采用单锥型或泡罩型的反射板。洗墙照明用的配光更贴近墙壁，增强亮度感的效果明显，而且有专用灯具。射灯照明用的配光角度窄，多采用单锥型反射板。

　　很多具有无眩光性能的灯具，可削减30度以上的眩光。尤其配置双锥型反射板的筒灯，灯泡安装位置很深，可大大减少令人不快的眩光。

■筒灯灯具构造

嵌入尺寸

换气孔（排热孔）
插座
本体（内壳）
反射板
安装用配件

镶边

■整体照明用筒灯的种类

● 单锥型

● 双锥型

因灯泡安装位置很深，可减轻灯具产生的眩光

● 泡罩型

反射板表面的涂装，在开灯时映照出白色，关灯后则与顶棚成为一体，不再突出

■配光的种类

● 整体照明用

称为蝙蝠翼型配光。配光角度广，投向地面的照度均匀度高。多采用双锥型反射板

● 整体照明用

配光角度广，甚至可照亮墙壁上方，照度均匀度较高。多采用单锥型或泡罩型的反射板

● 洗墙照明用

配光更贴近墙面，亮度感增强。有洗墙照明专用灯具

● 射灯照明用

配光角度窄，多采用单锥型反射板

光源和灯具

筒灯的渲染效果

洗墙照明用筒灯，应按照安装位置距墙尺寸与灯具
相互间隔 1：1～2 的比例进行配置

point

洗墙照明用筒灯

洗墙照明，顾名思义就是像用光洗（Wash）墙（Wall）那样照亮墙面的照明手法。它能够增强视觉上的亮度感，凸显出空间的广阔和丰富。为加强这样的效果而专门配置反射板的筒灯，被称为洗墙照明用筒灯。其特点是，灯具要逐一设定安装位置与墙面的距离以及相互的间隔，从顶棚到地面，灯光要均匀地照亮整个墙壁，使其看上去绚丽夺目。在多数情况下，安装位置距墙面的尺寸与灯具的相互间隔可按 1：1～2 的比例确定。

另外，整体照明用和射灯照明用筒灯，可起到与洗墙照明用筒灯一样的作用。其手法是，在墙面与顶棚面相接的顶棚各部，设置略大于灯具开口的狭缝，将筒灯装入其中，并按200mm 以下（如用冷光卤素灯）的小间隔进行配置。

万向筒灯

万向筒灯是一种完全嵌入或半嵌入顶棚内的照明灯具，亦称为可调式筒灯。它不仅可照亮墙面和室内的一部分，而且灯具被安装在顶棚内，因此能够让顶棚表面显得很整洁。特别是使用开口直径小、削减眩光性能强的灯具，几乎察觉不到光源在哪里，灯光可直接投向目的场所，营造出优雅的氛围。至于光源，则可使用光线较易控制的卤素灯和小型金属卤化物灯等。

灯具部分突出型的万向筒灯，灯光摇摆幅度较大，调节的自由度也就高些。如采用灯具完全嵌入顶棚内的方式，因只能摇摆 30 度左右，故应仔细斟酌照亮位置与设定位置的关系。

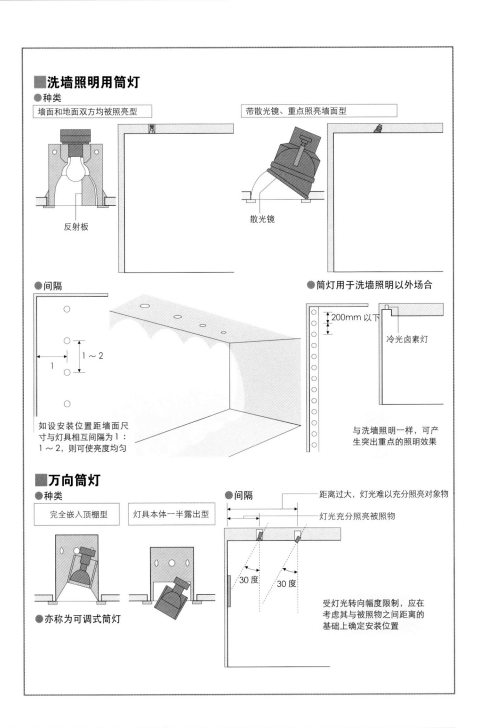

■洗墙照明用筒灯

● 种类

墙面和地面双方均被照亮型

反射板

带散光镜、重点照亮墙面型

散光镜

● 间隔

1～2

1

如设安装位置距墙面尺寸与灯具相互间隔为1：1～2，则可使亮度均匀

● 筒灯用于洗墙照明以外场合

200mm 以下

冷光卤素灯

与洗墙照明一样，可产生突出重点的照明效果

■万向筒灯

● 种类

完全嵌入顶棚型

灯具本体一半露出型

● 亦称为可调式筒灯

● 间隔

距离过大，灯光难以充分照亮对象物

灯光充分照亮被照物

30 度   30 度

受灯光转向幅度限制，应在考虑其与被照物之间距离的基础上确定安装位置

吸顶灯

按照房间大小选择灯具尺寸及亮度。若面积为6～12
张榻榻米大，只用1盏灯便能够照亮整个房间

point

吸顶灯的特点

吸顶灯因发光面大，不易产生明显的阴影，光与影的交汇显得融合而又平顺，就像表面贴有日本纸的灯具所发出的光，这或许是它为日本人所偏爱的原因。

吸顶灯被用作整体照明，按照房间大小选择灯具尺寸及亮度。若面积在6～12张榻榻米大小，只要在顶棚中央安装1盏灯，便能够将整个房间照亮。目前，吸顶灯类型很多，有的可用遥控器控制灯的开闭及调光，有的像吊灯那样能电动升降。光源也不仅限于荧光灯，除可使用白炽灯外，甚至还以某种手法加上装饰。

吸顶悬挂的种类

吸顶灯很容易安装在专用电源设备上，电源设备都配置在普通住宅的顶棚处，称为悬挂吸顶和悬挂罩盘。悬挂吸顶和悬挂罩盘有以下两种方式。

●**方形悬挂吸顶** 多用于日式房间，适合小型的吊灯和吸顶灯。固定螺丝的间隔较小，仅为25mm左右，不适于安装较重的灯具；但可将其设在日式房间木板天棚的横撑上。

●**圆形悬挂吸顶/嵌埋罩盘（悬挂吸顶罩盘）** 适合西式房间的顶棚和日式房间的板条顶棚。螺丝间距较大（46mm），固定强度高，设有回转式安装孔，可自由调整灯具安装方向。

另外，日本政府规定，2005年10月以后，凡重量5kg以上（10kg以下）的灯具，施工时均不得将其荷载加在电气连接部上。如系住宅，推荐采用耐热型悬挂吸顶罩盘。

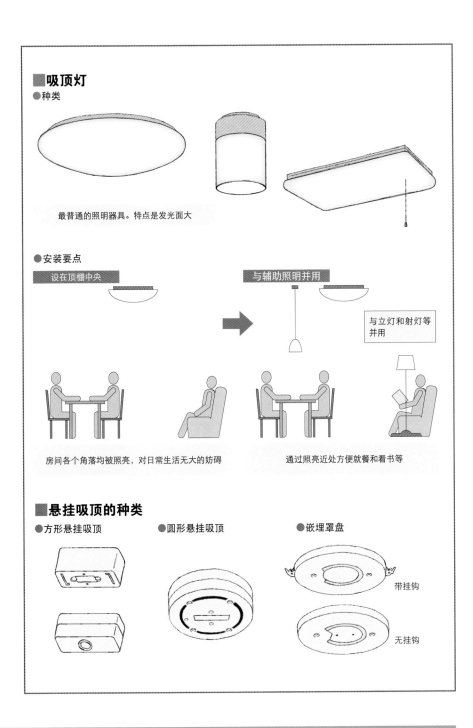

■吸顶灯

● 种类

最普通的照明器具。特点是发光面大

● 安装要点

设在顶棚中央

与辅助照明并用

与立灯和射灯等并用

房间各个角落均被照亮，对日常生活无大的妨碍

通过照亮近处方便就餐和看书等

■悬挂吸顶的种类

● 方形悬挂吸顶

● 圆形悬挂吸顶

● 嵌埋罩盘

带挂钩

无挂钩

吊灯·枝形灯

吊灯灯罩的造型设计多具有较高的装饰性以及类似家具那样的多样性

point

吊灯照明的使用方式

吊灯系指依靠绳索、钢丝或链条悬挂在顶棚上的照明灯具。其灯泡从1支到3支不等，外形尺寸多种多样，其中较轻的仅用绳索之类即可取得平衡。

吊灯因很容易被人看到，故其灯罩的造型多具有较高装饰性。灯罩的材质也各不相同，像家具那样品种繁多，从来都被当作室内设计的要素之一，受到普遍重视，其中也不乏建筑师和设计师的经典名作。吊灯灯具，主要由1支白炽灯泡和插座组成，简单的结构使其在设计上显得更加灵活。

用途及安装要点

多悬挂于餐桌上方。选择灯具时，自然要注意其是否与室内装饰协调；但亦应考虑与房间的大小和桌面尺寸是否平衡（参照本书78页）。另外，

当坐在桌边的椅子上时，灯光直接映入眼帘或许会有炫目的感觉。因此，应选用带遮光罩的灯具，或者是可将灯光调节到不炫目程度的灯具。

关于灯具的设置，除可采用固定于住宅顶棚中央的悬挂吸顶（参照本书222页）上的方式，也有利用轨道固定的类型。

枝形灯的使用方式

枝形灯是一种比吊灯更大的多灯照明灯具。这种多灯照明形式，系从吊灯发展而来，因而其造型多表现出古典风格，并具有明显的存在感，令人印象深刻。

关于设置，因其高度尺寸较大，故应安装在十分宽敞和顶棚足够高的房间里。而且，因为多数枝形灯都很重，所以安装前须确认顶棚底面能否承受这样的荷载，必要时应做补强处理。

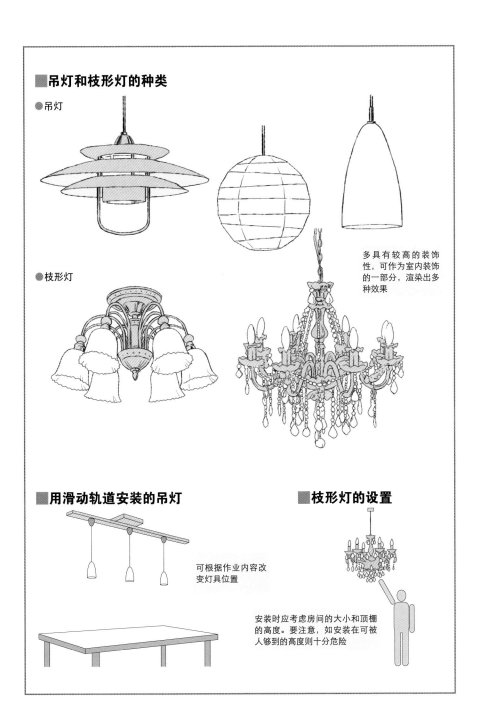

■ **吊灯和枝形灯的种类**

● 吊灯

● 枝形灯

多具有较高的装饰性，可作为室内装饰的一部分，渲染出多种效果

■ **用滑动轨道安装的吊灯**

可根据作业内容改变灯具位置

■ **枝形灯的设置**

安装时应考虑房间的大小和顶棚的高度。要注意，如安装在可被人够到的高度则十分危险

射灯

射灯的特点是，发出具有指向性的光，灯光投射方向可随意调节

point

射灯的种类

射灯是一种发出具有指向性的光、灯光投射方向可随意调节的直接照明用灯具。准确地说，30 度以下窄配光的灯具称为射灯，大于 30 度的广配光灯具则被称为平板灯。但是，在多数情况下，都将射灯作为以上 2 种灯的总称。

此类灯具的特点是，灯光使被照的展示物和商品等比周围部分更加明亮，因而会凸显出来。灯具通常安装于顶棚和墙壁，也可以设置在地面。从结构上看，主要由光源、反射器、灯体和安装部组成。安装部除有法兰固定型以及拆卸和容易改变位置的滑动轨道型之外，还有可供临时使用的夹钳固定型。

以小型卤素灯和金属卤化物灯作为光源的射灯，因灯具很小，故不太显眼，而且配光种类丰富，使用很方便。

除了用反射板和反光镜沿横向和纵向配光的洗墙照明用灯具以及可用于整体照明的广配光灯具外，还有光源前面设有反光镜、光柱边缘亦同样明亮的镜面反射灯和冷光射灯等。

这些灯具在渲染购物店商品、美术馆展示物和饮食店餐台等方面得到广泛应用。

充分利用可选配件

射灯有多种可选配件，用以改变光色以及渲染效果。其中，主要有让灯光朦胧扩散的漫射透镜和进行椭圆配光的扩张透镜；其次是改变光色的彩色滤镜、改变色温的色温滤镜、抑制光源附近眩光的蜂窝光栅、加长本体和削减眩光罩等。只要根据各种用途正确使用这些配件，便能够获得高品质的光效果。

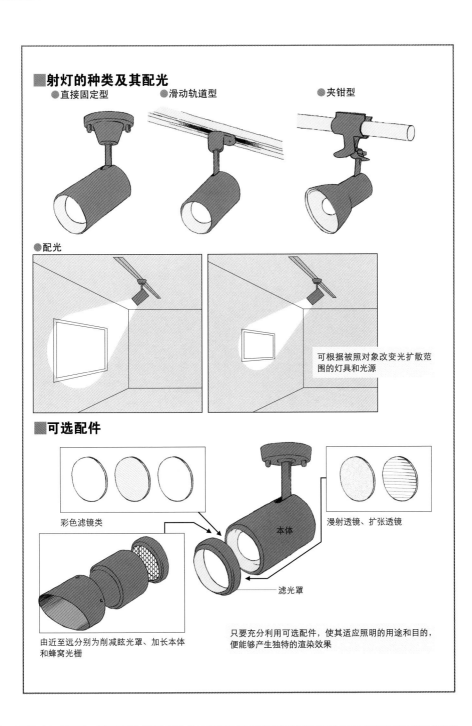

■射灯的种类及其配光

● 直接固定型　　　　● 滑动轨道型　　　　　　　　● 夹钳型

● 配光

可根据被照对象改变光扩散范围的灯具和光源

■可选配件

彩色滤镜类

漫射透镜、扩张透镜

本体

滤光罩

由近至远分别为削减眩光罩、加长本体和蜂窝光栅

只要充分利用可选配件，使其适应照明的用途和目的，便能够产生独特的渲染效果

壁灯·立灯

对于壁灯来说，考虑安装位置最为重要。立灯配置的自由度很高，也便于调节亮度

point

壁灯的用法

直接固定在墙壁上的照明灯具称为壁灯。将其用于住宅的门厅外、楼梯间、洗漱间和浴室等无吊顶的场所以及安装和维护都不便的地方，不仅亮度能够满足要求，而且多半还具有装饰效果。因其安装高度较低，仅略大于人的身高，故与吊灯一样，也很容易被人看到。为此，大多使用不炫目的灯具和类似照亮墙面的间接照明用灯具。

因为壁灯要突出墙面，所以若在走廊那样狭窄的空间里安装，则应选择不妨碍通行的位置。如安装在洗漱间内，可选择镜子的左右或上方，这样才能将人的面容照得更清晰。要在浴室和户外安装壁灯，必须选择具有防水或防潮性能的专用灯具，并将安装部的排水孔朝下配置。

立灯的用法

立灯系指单独立于地面或桌面等处的照明灯具。其中，置于地面的称为落地灯；放在桌子等台面上的称为台灯（桌上立灯）。立灯有着吊灯那样的存在感，并且外观造型各具特色，令人赏心悦目，也是重要的室内装饰元素。另外，在配置上还有较高的自由度，通过改变灯的数量和安装位置，便能够调节照明的亮度。

最常见的壁灯是那种带布料灯伞的罩形灯。台灯的大多数都是带金属或塑料灯罩、靠灯罩反射灯光的类型，用以照亮桌面，作为看书或工作时的任务照明。此外，还有火炬形立灯，灯光投向顶棚，可产生间接照明效果；带乳白色的玻璃或塑料灯罩的球形立灯，置于靠床处时，可降低室内灯光重心，营造出轻松的氛围。

■壁灯

●室外

安装部排水孔朝下
固定灯具

●洗漱间

安装在镜子的左右，
将人的面容照得更
清晰

●楼梯间

多用于安装困难、
维护不便的场所

尺寸

要将安装高度
标在展开图等
图纸上，避免
出现差错

■立灯

●伞形立灯

带布料制灯罩
的伞形立灯最
为常见

●反射型立灯

作为伏案工作
时的任务照明
效果最好

●火炬形立灯

灯光投向顶
棚，像间接
照明那样使
用

●球形立灯

置于靠床处，降低室
内灯光重心，营造轻
松氛围

光源和灯具

建筑化照明·整体照明荧光灯

对于整体照明荧光灯具来说，桌面上的亮度很重要。为使亮度更高，可用带乳白色丙烯酸树脂扩散板一类的灯具

point

建筑化照明灯具

建筑化照明灯具是一种间接照明用灯具，常采用凹槽照明和檐口照明的方式。主要有荧光灯具和白炽灯具，以及氙气灯和灯带之类特殊的白炽灯具和 LED 灯具等。

在设置这些灯具时，除要注意光源特性和本体大小外，还应确认灯具的安装方法、检修和更换灯泡的频度等事项，再据此决定收纳灯具的空间尺寸及其细部处理。此外，类似光的色调和亮度以及能否调光等，也都是要实现完美的建筑化照明目标的关键，均应在设计前仔细斟酌。

整体照明荧光灯具

整体照明荧光灯具，系指以有效和经济的方式均匀照亮类似写字楼和学校等大空间的照明灯具。其结构是将数支直管型荧光灯组合在一起，分为直接固定于顶棚面的直装型和安装底座断面成山形的富士型等。另外，嵌入顶棚设置的则被称为嵌埋型，还有光源露出的、下面盖有乳白色丙烯酸树脂扩散板的以及带塑料或铝制镜面光栅的等多种类型。

对于整体照明荧光灯具来说，桌面上的亮度很重要。在更注重亮度的情况下，可使用带乳白色丙烯酸树脂扩散板和塑料光栅的类型，或者直接采用光源外露型。而且，在考虑到电脑屏幕可能会受灯光影响、想要消除光源的炫目感时，可以选用带铝制格栅、削减眩光角 30 度左右的灯具。

最近，又出现一种纤细型的高照度荧光灯，使安装灯具后的顶棚看上去更加平整和清爽。另外，为了适应时代的发展，各家厂商都在生产系统化的整体照明荧光灯具，并有各种光栅和新品组件等出售。

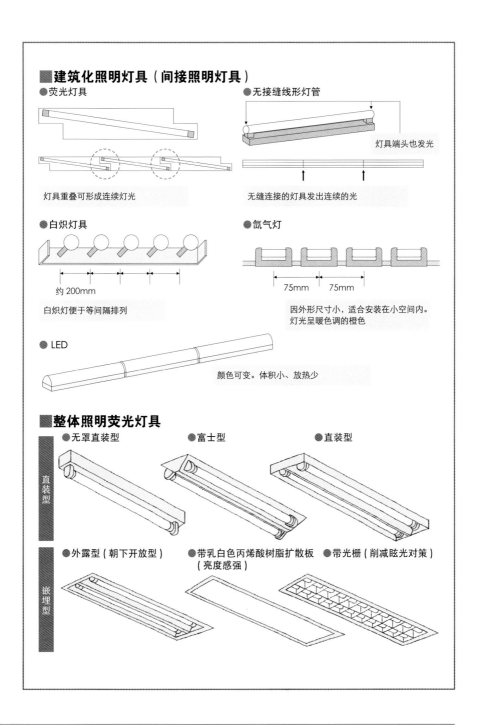

■建筑化照明灯具〔间接照明灯具〕

● 荧光灯具

灯具重叠可形成连续灯光

● 无接缝线形灯管

灯具端头也发光

无缝连接的灯具发出连续的光

● 白炽灯具

约 200mm

白炽灯便于等间隔排列

● 氙气灯

75mm　75mm

因外形尺寸小，适合安装在小空间内。
灯光呈暖色调的橙色

● LED

颜色可变。体积小、放热少

■整体照明荧光灯具

直装型

● 无罩直装型　　● 富士型　　● 直装型

嵌埋型

● 外露型 (朝下开放型)　● 带乳白色丙烯酸树脂扩散板　● 带光栅 (削减眩光对策)
　　　　　　　　　　　　　 (亮度感强)

户外空间用照明灯具

"IP代码"系用以标示防水和防尘性能的国际标准，可据其推荐值进行设定

point

所谓 IP 代码

户外照明灯具会直接受到风吹雨淋，使用环境比室内更加苛刻。作为标示此类灯具防水和防尘性能的国际标准有"IP代码"，代码由2位数字组成，用以规定推荐值，数字越大说明性能越高。另外，由于户外照明器具有时人或物体会压在上面，因此其牢固程度应可承受这样的荷载。进而，尚须考虑到日晒和气温升降使产品加快老化以及近海处的盐害等问题。

户外照明灯具的种类及其光源

户外照明灯具的种类很多，如檐下的筒灯类整体照明灯具、射灯、壁灯、脚下照明、楼梯的踏步灯、立柱照明、绿化用射灯、向上照射树木和建筑的地灯照明、地面嵌埋的指示照明、街灯和投光照明等。与上述这些不同的，还有用于泳池和水池的水中照明。光源可使用白炽灯、荧光灯、HID灯和LED等。考虑到更换灯泡大多比较麻烦，因此通常都采用寿命较长的荧光灯、HID和LED之类的光源。

■户外照明灯具的 IP 代码

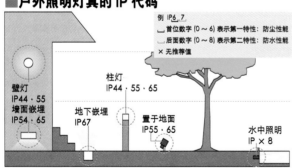

例 IP6 · 7
□ 首位数字 (0～6) 表示第一特性：防尘性能
□ 后面数字 (0～8) 表示第二特性：防水性能
× 无推荐值

壁灯
IP44 · 55
墙面嵌埋
IP54 · 65

地下嵌埋
IP67

柱灯
IP44 · 55 · 65

置于地面
IP55 · 65

水中照明
IP × 8

Chapter

7

有关图纸及
参考资料

图纸资料和照明灯具目录

在照明灯具目录中，收集了有关灯具造型、形式、制造商名称、产品代号、颜色、材质和灯具外形尺寸等必要信息

point

照明设计所需要的图纸资料

照明设计所需要的图纸资料，分为初期展示用的图纸和作为设计文件主要用于施工的图纸。作为展示用的文件，包括周围环境调研资料、表达主题的素描、灯光布局图、形象效果照片、CG、细部构想图、照明设计展示板、照明模型照片、1：1实物模型照片、平均照度计算书和照度分布图等。这些都是由设计者与业主和施工者经过协商、达成一致意见后提出的文件，虽然不是正式图纸，但作为传达设计意图的资料，仍起到重要作用。

设计图纸包括，照明平面布置图、照明配线布置图和照明灯具目录等。照明平面布置图，要在顶棚平面图和地面平面图中尽量准确地标出照明灯具的配置，必要时还应标注位置尺寸。在照明配线布置图中，除标出照明灯具的配置外，还明晰易懂地描绘出开关位置、开关类型以及开关可控制灯具的一般状态等。

关于照明灯具目录

照明灯具目录是全面记载所选定灯具必要信息的文件，内容包括灯具的造型、灯具类型、制造商名称、产品代号、颜色、材质、灯具外形尺寸、顶棚开口尺寸、光源种类、指定色温、指定配光、有无镇流器、可选配件和售价等。

照明目录有多种形式，一般是将各种灯具代号填入一个个方块内、并绘出灯具外形，再将其集中列在一、两张图纸上。照明设计师在编制灯具目录时，多数都会采用规格明细的形式，将每种类型灯具的所有信息集中列在一页 A4 纸上。从产品样本和制造商网页等处获得的信息，则可记入示意图（照片）中。还要做些归纳整理的工作，设法统一文件的尺寸和格式，这样用起来会更方便。

■照明灯具目录例

●使用 CAD 示意图的照明灯具目录

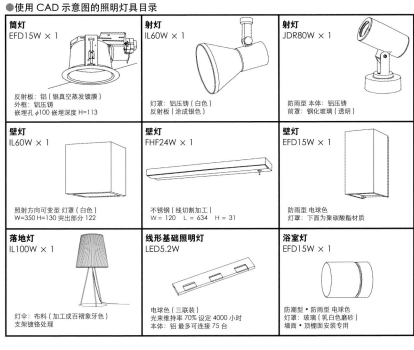

筒灯 EFD15W × 1 反射板：铝（银真空蒸发镀膜） 外框：铝压铸 嵌埋孔 φ100 嵌埋深度 H=113	**射灯** IL60W × 1 灯罩：铝压铸（白色） 反射板（涂成银色）	**射灯** JDR80W × 1 防雨型 本体：铝压铸 前罩：钢化玻璃（透明）
壁灯 IL60W × 1 照射方向可变型 灯罩（白色） W=350 H=130 突出部分 122	**壁灯** FHF24W × 1 不锈钢（线切割加工） W = 120　L = 634　H = 31	**壁灯** EFD15W × 1 防雨型 电球色 灯罩：下面为聚碳酸酯材质
落地灯 IL100W × 1 灯伞：布料（加工成百褶象牙色） 支架镀铬处理	**线形基础照明灯** LED5.2W 电球色（三联装） 光束维持率 70% 设定 4000 小时 本体：铝 最多可连接 75 台	**浴室灯** EFD15W × 1 防潮型 • 防雨型 电球色 灯罩：玻璃（乳白色磨砂） 墙面 • 顶棚面安装专用

●规格明细形式的照明灯具目录

照明灯具规格明细

○×新建住宅 照明设计
―――――――――――――
反射板：铝（银真空蒸发镀膜处理）
框架：铝压铸
嵌埋孔 φ100 嵌埋深度 H=113
○○○○○○○○○
售价 00,000
100V ～ 242V
紧凑型荧光灯
000123 × 1
反射板：○○○○○○○○
重量：000km
直径：000mm
安装底板最低厚度：000mm

■光源简称（代号）

IL	代表绝大部分的白炽灯（普通灯泡、透明灯泡、小型氖气灯、球形灯、枝形灯等）
LW	普通灯泡（石英灯泡）
JDR	双重线圈（100V）型带分色镜卤素灯泡
JR	12V 型带分色镜卤素灯泡
FL	直管型荧光灯
FLR	直管型快速启动荧光灯
FHF	高频开启专用型荧光灯
EFA	A 型（普通灯泡型）圆形荧光灯泡
EFD	D 型（球状）球形荧光灯泡
LED	LED 照明

照明灯具平面布置图

照明平面布置图，要在顶棚平面图和地板平面图中
尽量准确地标出照明灯具的配置，必要时还应标注
位置尺寸

point

■照明灯具平面布置图（1F）

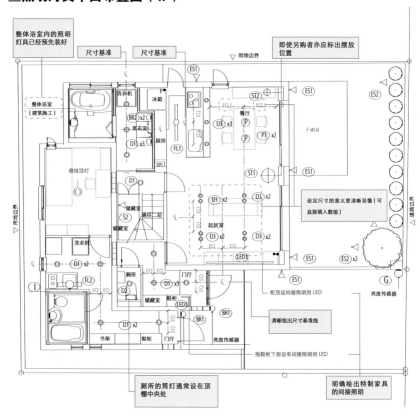

整体浴室内的照明灯具已经预先装好

尺寸基准

尺寸基准

用地边界

即使另购者亦应标出摆放位置

整体浴室〔建筑施工〕

悬挂顶灯

通往二层

储藏室

储藏室

洗衣机

洗衣机

冰箱

餐厅

更衣室

厨房

起居室

书架

鞋柜

门厅

储藏室

鞋柜

门厅

设定尺寸的意义要清晰易懂（可直接填入数值）

柜顶设间接照明用 LED

清晰绘出尺寸基准线

亮度传感器

拖鞋柜下面设有间接照明用 LED

亮度传感器

厕所的筒灯通常设在顶棚中央处

明确绘出特制家具的间接照明

■照明灯具凡例

代号	灯具类型	光源	V	W	备注 厂商	备注 编码	备考
D1	基础照明用筒灯	球形荧光灯	100	12	A 公司	XXX-XXXX	电球色 (2,800K)
D2	基础照明用筒灯	小型氪气灯	100	60	A 公司	XXX-XXXX	
D3	可调整筒灯	分色卤素灯	110	40	B 公司	XXX-XXXX	中光束角
S1	照明轨道用射灯	灯泡型荧光灯	100	60	C 公司	XXX-XXXX	
S2	射灯	灯泡型荧光灯	100	60	C 公司	XXX-XXXX	
FL1	基础照明用荧光灯具	Hf 荧光灯	100	32 x 2	A 公司	XXX-XXXX	电球色 (3,000K)
FL2	荧光灯具	Hf 荧光灯	100	24	A 公司	XXX-XXXX	电球色 (3,000K)
FL3	间接照明用荧光灯具	无缝连接管灯	100	40	A 公司	XXX-XXXX	电球色 (3,000K)
FL4	橱架下用荧光灯具	无缝连接管灯	100	18	B 公司	XXX-XXXX	电球色 (3,000K)
BR1	壁灯（户外用）	球形荧光灯	100	12	C 公司	XXX-XXXX	电球色 (3,000K)

备注栏内明确记入色温和光束角

■照明灯具平面布置图（2F）

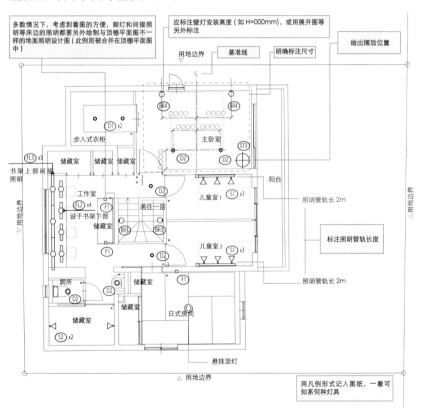

多数情况下，考虑到看图的方便，脚灯和间接照明等床边的照明都要另外绘制与顶棚平面图不一样的地面照明设计图（此例则被合并在顶棚平面图中）

应标注壁灯安装高度（如 H=000mm），或用展开图等另外标注

用地边界　基准线　明确标注尺寸

绘出摆放位置

步入式衣柜

主卧室

D1 x2

FL3 x3

书架上部间接照明

储藏室　储藏室　储藏室

D2

阳台

工作室

FL2 x4

设于书架下部

通往一层

儿童室1　S1 x3

照明管轨长 2m

储藏室

BR3　BR3

标注照明管轨长度

F1

儿童室2　S1 x3

D2

F1

照明管轨长 2m

厕所

储藏室

D2

储藏室

日式房间

储藏室

S2 x2

悬挂顶灯

△ 用地边界

用凡例形式记入图纸，一看可知系何种灯具

照明配线布置图

除标出照明灯具的配置外，还明晰易懂地描绘出开关位置、开关类型以及开关可控制灯具的一般状态等

point

■ **照明配线布置图（1F）**

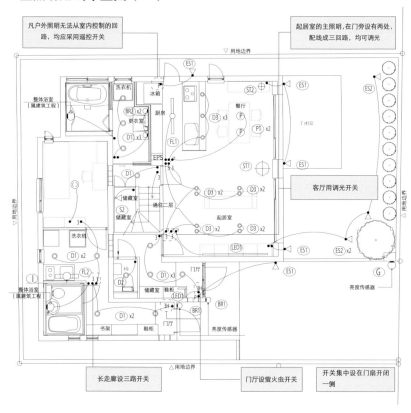

■凡例

●	开关
↗	调光开关
3●	三路开关
P●	遥控开关
3H●	萤火虫开关

■照明配线布置图（2F）

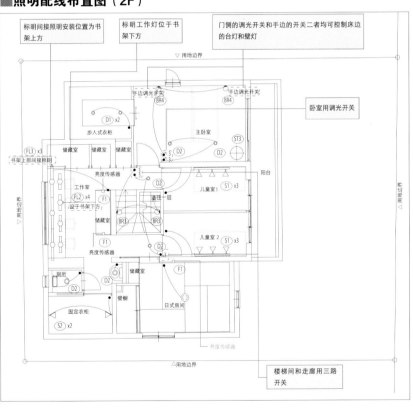

标明间接照明安装位置为书架上方

标明工作灯位于书架下方

门侧的调光开关和手边的开关二者均可控制床边的台灯和壁灯

卧室用调光开关

楼梯间和走廊用三路开关

安全检查项目表

为使住宅用照明灯具和设施用照明灯具可保持安全舒适的光环境，应每年检修1次

point

住宅用照明灯具 安全检查项目表
● 每年检修 1 次，并同时检查下一项目。发现异常，即做适当处置

检查栏	安全检查项目	处置程序
☐	即使开关打开有时灯也不亮	发现这些项目时，说明已处于危险状态。为防止发生事故，应立即中止使用，并更换成新的灯具
☐	移动插头或电线时，灯会闪烁	
☐	插头、电线或灯具本体异常发热	
☐	有焦煳味	
☐	开灯时，漏电断路器偶尔动作	
☐	电线、插座和配线部件出现破损、裂纹或变形	
☐	已购入 10 年以上	发现这些项目时，有时会处于危险状态。为防止发生事故，应立即中止使用，并更换成新的灯具，或者做进一步的检修
☐	即使更换灯泡，开灯至灯亮仍需一定时间	
☐	灯罩、盖板等出现变色、变形或裂纹	
☐	涂装面出现鼓包、裂纹或生锈	
☐	灯具安装部出现变形、背隙或松动等	
☐	灯泡端部黑化极其严重	发现这些项目时，应更换成新的灯具
☐	Glow starter(启辉器) 不停地忽亮忽灭	

■设施用照明灯具 安全检查项目表

● 每年检修 1 次，并同时检查下一项目。发现异常，即做适当处置

检查栏	安全检查项目	处置程序
☐	灯具总计开启时间 40000 小时以上	发现这些项目时，说明已处于危险状态。为防止发生事故，应立即中止使用，并更换成新的灯具
☐	使用时间超过 15 年	
☐	发出焦糊味	
☐	照明灯具有冒烟或漏油等现象	
☐	配线部件等出现变色、变形、裂纹、背隙或破损等	
☐	使用时间超过 10 年	发现这些项目时，有时会处于危险状态。为防止发生事故，应立即中止使用，并更换成新的灯具，或者做进一步的检修
☐	即使更换灯泡，仍极其明显地比其他灯泡寿命短或者黑化严重	
☐	即使更换灯泡或启辉器，开灯至灯亮仍需较长时间	
☐	即使更换灯泡或启辉器，有时仍闪烁	
☐	即使更换灯泡，与其他灯泡相比灯光仍显得极其暗	
☐	开灯时，漏电断路器偶尔动作	
☐	可动部分（开闭处和调节处等）不灵活	
☐	灯具安装部出现变形、背隙或松动等	
☐	近 2、3 年因故障而更换的灯具数量增加	
☐	灯具本体和反射板等处很脏或变色	
☐	灯罩和盖板等处出现变色、变形或裂纹	
☐	涂装面出现鼓包和裂纹。或者生锈	
☐	螺栓等出现变色、变形、裂纹、背隙或破损	
☐	使用非指定光源	换成指定光源
☐	灯泡端部黑化极其严重	发现该项目时应更换成新的照明灯具
☐	Glow starter(启辉器) 不停地忽亮忽灭	

出处：《照明灯具手册 建议》（（社团法人）日本照明灯具工业会）

有关图纸及参考资料

日本相关照明法规

政府各部门均应采取多种节能措施。并且，还负有对
指示灯和紧急照明定期进行检修的责任

point

■照明设备有关节能的法律法规内容概要

●出于削减热气体排放、改善环境和确保安全的目的，政府各部门须采取如下行政措施

截至 2012 年 12 月末

法律法规 (包括任意性规则)		法律法规内容概要	对象品目
经济产业省	《节能法》（特定设备） （领跑者计划模式） 1999.4 施行	· 分为 12 大类，每一年度的目标基准值不得降低	· 荧光灯具
	《节能标签制度》 JISC9910 (2000.8) (节能性标签 ◑ ◐)	· 节能标准完成率 (%) · 能耗效率 (lm/W) · 节能标签表示的意义 (节能性标签：◑ = 合格、◐ = 不合格)	· 家庭用荧光灯具
	零售业者商品标识制度 （统一的节能标签）	· 要在店面陈列商品上标示出等级评价和耗电量等内容	· 照明灯具
	节能性商品目录 （节能中心）	· 按着房间不同的面积，公布对应的各家厂商典型产品	· 家庭用荧光灯具
环境省	《绿色采购法》 (2001.4 施行)	· 规定特殊调配物品，制定品目和判断标准 · 各品目均须符合 "判断标准" 和 "注意事项" 的要求	· 照明灯具　荧光照明灯具 　　　　　　LED 照明灯具 · 光源　　　LED 光源指示灯 　　　　　　荧光灯 (40 型) 　　　　　　灯泡型光源 · 公共工程　环保型道路照明 　　　　　　照明控制系统 · 劳务　　　提供照明功能业务
	《商品环保信息提供系统》 (2005.6 试用) (2007.2 重新使用)	· 从 LCA 角度公布环保信息 · 围绕地球变暖、资源消耗与有害物质等 3 个中心进行评价 · 可对各厂商做出比较	· 荧光灯
	绿色采购网 (GPN)	照明采购指导原则 · 照明设计 引入照度、昼光、传感器、调光和控制系统等 · 照明灯具 Hf 灯具、调光、初期照度修正、传感器、高辉度指示灯、采 用高效光源＋容易循环再利用、有害物质少	· 照明灯具 （绿色采购法适用产品）
国土交通省	《NETIS》 新技术信息提供系统	· 该系统通过鼓励民间技术开发和充分利用先进新技术，可确保公共工程 的质量，并降低成本	· 道路照明灯具等
	节能法（建筑物） 《CEC/L》(性能标准) 《简易点法》(规格标准)	· 计算照明能耗系数 · 适用 2000m² 以上特定建筑物 · 如 5000m² 以上建筑可用点法 · 加强住宅类建筑节能措施	· 照明设备
	CASBEE 建筑物综合环境性能 评价系统	· 由国土交通省组织、产官学共同开发的评价系统 · 名古屋、大阪和横滨等地均开始采用该系统，并规定必须将评价结果公 之于众 · 包括防止与照明有关的光害和昼光利用等内容	· 全部照明

■有关指示灯和紧急照明的设置以及维护检修的法令

● 分别依据消防法和建筑基准法的规定，指示灯和紧急照明必须定期检修

截至 2012 年 12 月末

	指示灯 消防法及相关法令	紧急照明 建筑基准法及相关法令
设备安装维护责任	防火对象物相关者※必须设置符合政令规定标准的消防设备、并始终处于正常状态。(消防法第 17 条 1 款) ※: 指业主、管理者和使用者	建筑物的所有者和管理者应尽可能使建筑用地、建筑结构和建筑设备始终处于符合法律法令规定的状态。(建筑基准法第 8 条 1 款)
设备安装报告及检查	特定防火对象物相关者安装政令或条例规定的消防设备时，应事先提交报告、并接受检查。(该法第 17 条 3 款 2 项)	施工前，业主必须提交建筑核准申请书，经建筑主管人员核准后颁发施工许可证。(建筑基准法第 6 条)
设备的检修及报告	防火对象物相关者应定期检修在总务省指定地点安装的消防设备，将检查结果上报。(消防法第 17 条 3 款 3 项)	建筑物的所有者、管理者和使用者应聘请具备资格者定期检查 (包括对损伤、腐蚀及其他劣化状况的检修) 除升降机以外的建筑设备，并将检查结果上报。(建筑基准法第 12 条 3 款)
检修者资格	消防设备师 具备消防设备检修资格者 (消防法第 17 条 3 款 3 项)	1 级或 2 级建筑师、具备可判定是否适用建筑标准资格者以及建筑设备检查资格者 (建筑基准法第 12 条 3 款)
定期检修	仪表检修：半年 1 次 　　　　　(1975 年消防厅公告 2 号)	间隔 6 个月至 1 年系政府有关部门规定的期限 (实施细则第 6 条)
定期报告	特定防火对象物：每年 1 次 其他防火对象物：3 年 1 次 (实施细则第 31 条 6 款)	
呈报人和呈报对象	消防长或消防署长 (实施细则第 31 条 6 款)	指定行政部门 (消防法第 12 条 3 款)
说服、措施、纠正和改进命令等	现场检查后告知有关对消防设备等采取措施的命令 (消防法第 17 条 4 款)	对存在安全风险的建筑物采取的措施 (消防法第 10 条)
未提交检修报告　管理者	责任人：30 万日元以下罚款 (消防法第 44 条) 法　人：30 万日元以下罚款 (消防法第 45 条)	100 万日元以下罚款 (消防法第 101 条)
未遵照命令 纠正和改进　违法者	责任人：30 万日元以下罚款 (消防法第 44 条) 法　人：30 万日元以下罚款 (消防法第 45 条)	拘役 1 年以下、罚款 100 万日元以下 (消防法第 99 条)
公布命令内容	需要 (消防法第 5 条)	需要 (消防法第 10 条)
核准紧急照明亮灯时间	20 分钟或 60 分钟 (每层台数不到总数 1/10 时)	30 分钟或 60 分钟

注 1 紧急照明灯系指有意外情况发生时点亮的照明装置和照明灯具。对消防设备等所负有的检修报告责任，并非单指示灯而言。对建筑设备等的检修报告责任，亦不仅指紧急照明灯的检修报告。

注 2 如按照法令改进时须采用最新产品，则应经过核准。

出处：《照明灯具手册 建议》((社团法人) 日本照明灯具工业会)

著者简介

安斋　哲

1967 年生于东京。1 级建筑师、照明设计师。1992 年毕业于筑波大学艺术学院，建筑设计专业。1997 年获颁伦敦 AA 学院毕业证书（AA Dipl）。先后从事建筑设计事务所的设计业务和照明设计事务所的检测工作，2004 年创建未来建筑株式会社。自 2011 年起，担任九州产业大学艺术学部副教授。在广泛的领域里十分活跃，诸如建筑设计、室内设计、包括以照明设计为主的各种展览会、艺术展示、专题讲座等企划运作以及城市规划方案的制定和空间设计的教育活动等。

参考文献

『照明「あかり」の設計　住空間の Lighting Design』中島龍興（建築資料研究社刊）

『カラー図解　照明のことがわかる本』中島龍興（日本実業出版社刊）

『カラーコーディネーター入門／色彩　改訂版』日本色研事業部

『Panasonic HomeArchi 09-10 カタログ』パナソニック電工株式会社

『National Expart TEXTBOOK 2008-2009』松下電工株式会社

『住まいの照明』サリー・ストーリー／鈴木宏子訳（産調出版刊）

『光と色の環境デザイン』社団法人　日本建築学会編（オーム社刊）

『新・照明教室　照明の基礎知識（初級編）』社団法人　照明学会　普及部

『高木英敏の美しい住まいのあかり』高木英敏（日経ＢＰ社刊）

『照明デザイン入門』中島龍興・近田玲子・面出薫（彰国社刊）

『Delicious Lighting　デリシャスライティング』東海林弘靖（ＴＯＴＯ出版刊）

『照明基礎講座テキスト』社団法人　照明学会

『照明専門講座テキスト』社団法人　照明学会

『照明ハンドブック　第 2 版』社団法人　照明学会編（オーム社刊）

『照明器具リニューアルのおすすめ』社団法人　日本照明器具工業会

『建築知識 2008 年 7 月』（エクスナレッジ刊）

『iA06 照明デザイン入門』（エクスナレッジ刊）

照片提供・撮影协助（以日语发音为序）

オーデリック

大光電機

調布東山病院

　東山会

　東畑建築事務所

　ライズ

　清水建設

　山田照明

トキ・コーポレーション

日建設計

ひまわり

ホテル エルセラーン大阪

ホテル ニューオータニ熊本